Gisele Dela Ricci

# BIOCLIMATOLOGIA ANIMAL

**Clima, produção e bem-estar**

Freitas Bastos Editora

Copyright © 2025 by Gisele Dela Ricci

Todos os direitos reservados e protegidos pela Lei 9.610, de 19.2.1998.
É proibida a reprodução total ou parcial, por quaisquer meios, bem como a produção de apostilas, sem autorização prévia, por escrito, da Editora.
Direitos exclusivos da edição e distribuição em língua portuguesa:
**Maria Augusta Delgado Livraria, Distribuidora e Editora**

**Direção Editorial:** Isaac D. Abulafia
**Gerência Editorial:** Marisol Soto
**Diagramação e Capa:** Maicon Santos
**Copidesque:** Lara Alves dos Santos Ferreira de Souza
**Revisão:** Doralice Daiana da Silva
**Assistente Editorial:** Larissa Guimarães

Dados Internacionais de Catalogação na Publicação (CIP) de acordo com ISBD

---

R491b    Ricci, Gisele Dela

BIOCLIMATOLOGIA ANIMAL: Clima, produção e bem-estar / Gisele Dela Ricci. - Rio de Janeiro, RJ : Freitas Bastos, 2025.
176 p.; 15,5cm x 23cm.

Inclui bibliografia.
ISBN: 978-65-5675-542-7

1. Medicina veterinária. 2. Bioclimatologia animal. I. Título.

2025-1765                    CDD 636.089
                                      CDU 619

---

Elaborado por Vagner Rodolfo da Silva - CRB-8/9410

Índice para catálogo sistemático:
1. Medicina veterinária 636.089
2. Medicina veterinária 619

**Freitas Bastos Editora**
atendimento@freitasbastos.com
*www.freitasbastos.com*

# Gisele Dela Ricci

Zootecnista pela UNESP, Campus de Botucatu/SP, com mestrado em Ciência Animal, no Programa de Nutrição e Produção Animal, na Faculdade de Medicina Veterinária e Zootecnia, e doutorado e pós-doutorado, também em Ciência Animal, no Programa de Zootecnia, na Faculdade de Zootecnia e Engenharia de Alimentos, na Universidade de São Paulo (USP), Campus Fernando Costa, em Pirassununga, São Paulo. Com pesquisas voltadas à Produção e Bem-estar animal, Bioclimatologia e Zootecnia de Precisão de animais de produção em diferentes fases da criação.

Possui experiência na área corporativa de Garantia da Qualidade com foco em bem-estar de animais de produção, como bovinos, suínos e aves, abrangendo as etapas de agropecuária e frigoríficos. É auditora em unidades de produção, com atuação voltada à melhoria contínua dos processos e ao cumprimento das diretrizes de qualidade e bem-estar animal.

Na Editora Mundo Agro, referência na produção e divulgação de conteúdos técnicos e científicos voltados ao agronegócio, atuou como editora e coordenadora técnica. Atualmente, é consultora técnica da editora, contribuindo para o desenvolvimento de livros, revistas e materiais especializados nas áreas de produção animal e agroindústria.

Também é professora voluntária na Escola Superior de Agricultura "Luiz de Queiroz" (ESALQ/USP), no Departamento de Engenharia de Biossistemas, em Piracicaba, São Paulo, onde colabora em atividades de ensino e extensão voltadas ao setor de produção animal.

# Sumário

Agradecimentos ..................................................... 13
APRESENTAÇÃO .................................................. 15
CAPÍTULO 1: INTRODUÇÃO À BIOCLIMATOLOGIA
ANIMAL ................................................................. 17
   1.1 Bioclimatologia animal ................................... 17
   1.2. Conceitos fundamentais e aplicações da
   bioclimatologia animal ........................................ 18
   1.3 Importantes indicadores da bioclimatologia animal ... 19
      1.3.1 Temperatura ambiental ............................ 19
      1.3.2 Temperaturas mínima e máxima para animais
      de produção e de estimação ............................. 22
         1.3.2.1 Suínos ............................................... 23
         1.3.2.2. Bovinos ............................................ 24
         1.3.2.3 Ovinos e caprinos ............................. 24
         1.3.2.4 Animais de estimação ...................... 25
   1.4 Elementos críticos do microclima ................... 26
      1.4.1 Ventos ...................................................... 26
      1.4.2 Umidade atmosférica ............................... 26
      1.4.3 Altitude e latitude .................................... 28
      1.4.4 Chuvas ..................................................... 29
      1.4.5 Elementos críticos do clima para animais de
      estimação ......................................................... 30
   1.5 Papel da área de bioclimatologia para o profissional
   da área de saúde animal ...................................... 32
   1.6 Considerações finais ....................................... 33
CAPÍTULO 2: FISIOLOGIA ANIMAL E RESPOSTAS AO
AMBIENTE CLIMÁTICO ...................................... 35
   2.1. Introdução à fisiologia animal e sua relação com a
   bioclimatologia ..................................................... 35
   2.2. Adaptabilidade fisiológica dos animais às variações
   climáticas ............................................................. 35

2.3. Animais endotérmicos e ectotérmicos: diferenças
e importância da regulação da temperatura.......................38
    2.3.1. Termogênese ...........................................................38
    2.3.2. Termólise................................................................39
2.4 Influência hormonal...........................................................40
    2.4.1. Tiroxina e hormônios tireoidianos .....................40
    2.4.2. Cortisol....................................................................41
    2.4.3. Adrenalina e noradrenalina.................................41
    2.4.4. Outros hormônios..................................................42
2.5. Exemplos nas espécies ......................................................42
    2.5.1. Suínos .....................................................................42
    2.5.2. Aves .........................................................................43
    2.5.3. Ruminantes: bovinos, ovinos e caprinos............44
    2.5.4. Animais de estimação............................................45
    2.5.5. Animais selvagens.................................................46
2.6. Respostas fisiológicas ao calor .........................................46
    2.6.1. Suínos .....................................................................47
    2.6.2. Aves .........................................................................48
    2.6.3. Bovinos....................................................................48
    2.6.4. Animais de estimação............................................49
2.7. Respostas fisiológicas ao frio............................................50
    2.7.1. Suínos......................................................................51
    2.7.2. Aves..........................................................................51
    2.7.3. Bovinos ...................................................................52
    2.7.4. Animais de estimação ...........................................53
2.8. Relevância do conforto térmico para animais de
estimação ....................................................................................54
2.9. Respostas indicativas de estresse nos animais ............54
    2.9.1. Temperatura corporal ...........................................54
    2.9.2. Ofegação.................................................................55
    2.9.3. Piloereção...............................................................55
    2.9.4. Frequência respiratória e cardíaca.....................55
    2.9.5. Alteração de comportamento ..............................56
    2.9.6. Respostas hormonais ao estresse ........................56
2.10. Estratégias de mitigação de calor e frio intensos.......57
2.11. Monitoramento contínuo e manejo da produção.......59
    2.11.1. Educação e capacitação de produtores...............59

2.12. Considerações finais .................................................. 59
CAPÍTULO 3: IMPACTOS CLIMÁTICOS NA
NUTRIÇÃO ANIMAL EM UMA ABORDAGEM
BIOCLIMATOLÓGICA ........................................................ 61
    3.1. Introdução à nutrição e os impactos da
    bioclimatologia animal .................................................. 61
    3.2. Requisitos nutricionais variáveis com o clima ............ 63
        3.2.1. Alimentos funcionais, suplementação e
        aditivos na adaptação climática .................................... 65
        3.2.2. Alimentos funcionais e suplementação na
        adaptação ao calor ...................................................... 65
        3.2.3. Alimentos funcionais e suplementação na
        adaptação ao frio ........................................................ 65
        3.2.4. Importância de probióticos e prebióticos ........... 66
    3.3. Aditivos alimentares em nutrição animal:
    mecanismos e efeitos .................................................... 66
    3.4. Impacto das mudanças climáticas na
    disponibilidade e na qualidade dos alimentos para
    animais ......................................................................... 67
CAPÍTULO 4: PLANEJAMENTO E CONFORTO NAS
INSTALAÇÕES PARA ANIMAIS ........................................ 69
    4.1. Introdução à importância do planejamento aliado à
    bioclimatologia animal .................................................. 69
    4.2. Estratégias climáticas para o projeto de instalações
    de animais ..................................................................... 70
        4.2.1. Altura das paredes e orientação dos galpões ..... 70
        4.2.2. Sistema de ventilação ........................................ 71
        4.2.3. Seleção de espécies de árvores adequadas ......... 72
        4.2.4. Sombreamento .................................................. 73
        4.2.5. Iluminação natural e artificial para animais
        de produção ................................................................ 74
    4.3. Gerenciamento de resíduos e controle ambiental ....... 75
    4.4. Aplicações práticas da bioclimatologia na Medicina
    Veterinária e na Zootecnia: estudos de caso .................... 76
        4.4.1. Avicultura ......................................................... 76
        4.4.2. Suinocultura ..................................................... 77
        4.4.3. Bovinos ............................................................. 77

4.4.4. Animais de estimação ............................................ 77
4.5. Considerações finais ................................................ 77
CAPÍTULO 5: SAÚDE ANIMAL E BIOCLIMATOLOGIA ...... 79
5.1. Introdução à influência da bioclimatologia na saúde
dos animais .................................................................... 79
5.2. Doenças associadas a condições climáticas
extremas .......................................................................... 80
    5.2.1. Ondas de calor .................................................... 81
    5.2.2. Tempestades intensificadas e inundações .......... 81
    5.2.3. Eventos climáticos extremos e doenças
    infecciosas ...................................................................... 81
5.3. Manejo sanitário e prevenção em diferentes
ambientes climáticos ....................................................... 82
    5.3.1. Ambientes climáticos temperados ...................... 83
    5.3.2. Ambientes climáticos tropicais ........................... 84
    5.3.3. Ambientes climáticos áridos ............................... 84
5.4. Impacto das mudanças climáticas na saúde animal ... 85
5.5. Estresse térmico e saúde animal ................................ 85
5.6. Alterações na distribuição de doenças ....................... 86
    5.6.1. Doenças respiratórias e imunológicas ................ 86
5.7. Impactos em espécies silvestres, animais de
estimação e ecossistemas ................................................ 87
5.8. Importância da bioclimatologia na saúde das
espécies de animais ......................................................... 87
    5.8.1. Suínos ................................................................... 87
    5.8.2. Frangos de corte .................................................. 88
    5.8.3. Bovinos de corte e leite ....................................... 89
    5.8.4. Ovinos ................................................................... 90
    5.8.5. Animais de estimação ......................................... 91
5.9. Considerações finais .................................................. 92
CAPÍTULO 6: AVANÇOS EM GENÉTICA E SELEÇÃO
ANIMAL COM RELEVÂNCIA PARA A
BIOCLIMATOLOGIA ........................................................ 95
6.1. Introdução à relação entre genética e
bioclimatologia animal ................................................... 95
6.2. Efeitos climáticos sobre a genética e a seleção
animal .............................................................................. 96

6.3. Seleção genômica e adaptação climática ..................... 96
6.4. Impacto da mudança climática e estratégias de seleção ................................................................................. 96
6.5. Seleção genética para adaptabilidade climática .......... 97
6.6. Marcadores genéticos ...................................................... 98
    6.6.1. Marcadores genéticos para tolerância ao calor ................................................................................. 99
    6.6.2. Marcadores genéticos para tolerância ao frio ................................................................................... 99
6.7. Aplicações de tecnologias genéticas na adaptação climática ............................................................................ 100
    6.7.1. Sequenciamento genômico e identificação de marcadores ....................................................................... 100
    6.7.2. Edição genética com CRISPR/Cas9 ................... 101
6.8. Seleção genômica e modelagem climática ................. 101
6.9. Tecnologias ômicas e adaptação climática ................. 102
6.10. Desafios e considerações éticas .................................. 102
    6.10.1. Questões de acesso ............................................. 103
    6.10.2. Considerações culturais e sociais ..................... 103
6.11. Regulação e supervisão ................................................ 103
6.12. Considerações finais .................................................... 104

**CAPÍTULO 7: COMPORTAMENTO, BEM-ESTAR ANIMAL E BIOCLIMATOLOGIA ............................................ 105**
7.1. Introdução a influência da bioclimatologia no comportamento e no bem-estar dos animais ................... 105
7.2. Adaptações comportamentais dos animais às variações climáticas ............................................................. 107
    7.2.1. Adaptações a mudanças de temperatura .......... 107
    7.2.2. Adaptações à umidade e disponibilidade de água ................................................................................. 108
    7.2.3. Estratégias de forrageamento e reprodução ..... 108
    7.2.4. Adaptações comportamentais à alteração dos ciclos climáticos ............................................................. 109
    7.2.5. Impacto do clima no comportamento reprodutivo e social dos animais ................................. 109
    7.2.6. Influência da umidade e da disponibilidade de recursos ...................................................................... 110

7.2.7. Impacto das mudanças climáticas nas
interações sociais ......................................................... 111
7.2.8. Adaptações comportamentais às variações
climáticas ....................................................................... 111
7.3. Estratégias comportamentais para mitigação de
estresse térmico ................................................................... 111
    7.3.1. Busca de refúgio e sombras ............................... 112
    7.3.2. Atividade noturna e ajustes de horário ............. 112
    7.3.3. Comportamentos de termorregulação ativa ..... 112
    7.3.4. Modulação da dieta e hidratação ....................... 113
    7.3.5. Comportamento de mudança de *habitat* ........... 113
7.4. Adaptação e aprendizagem no contexto do estresse
térmico ................................................................................. 113
    7.4.1. Adaptação comportamental a condições
    térmicas extremas ......................................................... 114
    7.4.2. Aprendizagem e comportamento adaptativo ... 114
7.5. Considerações finais .................................................... 115

## CAPÍTULO 8: INFLUÊNCIA DA BIOCLIMATOLOGIA NO SURGIMENTO DE NOVAS TECNOLOGIAS ................. 117

8.1. Introdução às novas tecnologias ................................ 117
8.2. Definição de novas tecnologias e sua importância
na modernização da produção animal ............................. 118
8.3. Novas tecnologias na produção animal .................... 119
    8.3.1. Suinocultura ......................................................... 119
    8.3.2. Avicultura ............................................................. 120
    8.3.3. Bovinocultura ....................................................... 121
    8.3.4. Ovinocultura e caprinocultura .......................... 122
    8.3.5. Animais de estimação ......................................... 123
    8.3.5.1. Monitoramento de saúde ................................. 123
        8.3.5.2. Sistemas automatizados de
        alimentação ............................................................. 124
    8.3.5.3. Sistemas inteligentes ........................................ 124
    8.3.5.4 Monitoramento de localização ................... 125
    8.3.5.5. Câmeras de monitoramento interativo ... 126
8.4. Impacto das novas tecnologias na produção
animal .................................................................................. 126

8.5. Desafios e considerações éticas das novas
tecnologias na produção animal ........................................ 127
8.6. Estudos de caso e exemplos práticos de
implementação ..................................................................... 129
    8.6.1. Monitoramento inteligente na avicultura ......... 129
    8.6.2. Automação na bovinocultura leiteira ................ 129
    8.6.3. Monitoramento inteligente de saúde em
    animais de estimação .................................................... 130
8.7. Considerações finais ..................................................... 131
CAPÍTULO 9: ESTUDOS DE CASOS RELACIONADOS
À INFLUÊNCIA DA BIOCLIMATOLOGIA NA
PRODUÇÃO ANIMAL E PARA ANIMAIS DE
ESTIMAÇÃO .............................................................................. 133
    9.1. Introdução ................................................................. 133
    9.2. Suinocultura ............................................................. 134
    9.3. Avicultura ................................................................. 135
    9.4. Bovinos de corte ...................................................... 136
    9.5. Bovinos de leite ........................................................ 138
    9.6. Aves de corte e ovos ................................................ 139
    9.7. Animais de estimação ............................................. 140
        9.7.1. Cães ..................................................................... 141
        9.7.2. Gatos ................................................................... 142
        9.7.3. Aves .................................................................... 143
    9.8. Considerações finais ............................................... 143
REFERÊNCIAS ......................................................................... 145

# Agradecimentos

A Deus, que me fortalece a cada dia, concedendo saúde e proteção a mim e à minha família, renovando a energia necessária para enfrentar os desafios.

Aos meus pais, cuja força e exemplo de base sólida e perseverança continuam a me inspirar e guiar a cada dia. Ao meu querido pai, por quem guardo muita gratidão e saudade, levando comigo o amor e seus ensinamentos.

Ao meu marido, Lamarck Philippe Melo, minha luz e redenção, por estar sempre ao meu lado com amor e um apoio incondicional. Sua presença transforma e ilumina meus dias.

Aos amigos que tornam minha jornada mais leve e significativa: Elder Tonon, Rafael Teixeira de Sousa, Paula Caroline Godoy, Emerson Ferreira e Luiz Henrique; sem me esquecer dos amigos do dia a dia, que tornam minha rotina mais tranquila e feliz, Graziela, Tobias e Mauricio Ghidini, minha gratidão por sua presença e inspiração diária. Um reconhecimento especial às professoras Cristiane Titto e Kesia de Oliveira da Silva Miranda, por seu conhecimento, apoio e companheirismo ao longo dos anos, assim como a todos que compartilham comigo a paixão pelos animais e pelo bem-estar.

# APRESENTAÇÃO

**Bioclimatologia Animal:** clima, produção e bem-estar é uma obra voltada a estudantes, profissionais e entusiastas interessados no impacto do ambiente sobre a saúde e a produtividade animal. Ao abordar tanto animais de produção e estimação, o livro se destaca ao integrar também alguns conceitos sobre animais silvestres, oferecendo uma perspectiva abrangente e enriquecedora das interações entre os animais e seu clima.

Com uma abordagem interativa e atualizada, explora o impacto das novas tecnologias no estudo climático e ambiental, propondo soluções inovadoras para o controle ambiental e o manejo de animais.

As imagens geradas por inteligência artificial introduzem um conceito visual único, aprimorando a experiência de aprendizado e facilitando a compreensão de temas técnicos complexos.

Ao longo da obra, o leitor será guiado por uma jornada informativa e prática, essencial tanto para aqueles em formação quanto para profissionais já atuantes, proporcionando ferramentas valiosas que impactam diretamente o mercado de trabalho. Este livro não só amplia horizontes, mas também contribui para o avanço do manejo animal e a harmonia entre os seres vivos e seu ambiente.

Prepare-se para uma leitura transformadora, que visa melhorar a vida dos animais e de todos os envolvidos no seu cuidado e manejo.

# CAPÍTULO 1: INTRODUÇÃO À BIOCLIMATOLOGIA ANIMAL

## 1.1 Bioclimatologia animal

A Bioclimatologia é um campo interdisciplinar que investiga as complexas interações entre a biosfera e a atmosfera terrestre (Campos, 2018). Definida como o estudo das relações entre os organismos vivos e o ambiente climático que os cerca, a bioclimatologia abrange tanto a adaptação das espécies às variabilidades climáticas quanto os impactos das mudanças climáticas globais sobre a biodiversidade (Santos *et al.*, 2022). Esse campo examina os efeitos do clima e das condições ambientais na vida dos animais, incluindo aspectos fisiológicos e comportamentais fundamentais para o bem-estar animal (Mendes *et al.*, 2020).

Compreender esses fenômenos é essencial não apenas para a produção animal, que influencia diretamente o desempenho, a saúde e o bem-estar dos animais (Silva *et al.*, 2019), mas também para o cuidado de animais de estimação, como cães e gatos, que são particularmente sensíveis a variações climáticas e ambientais. A temperatura ambiental é um dos principais fatores que afetam seu conforto e saúde, regulando processos fisiológicos como a termorregulação, o metabolismo e a taxa de crescimento (Ferreira *et al.*, 2018). Em conjunto com a umidade atmosférica, a temperatura desempenha um papel crucial no conforto térmico dos animais, impactando diretamente sua produtividade e saúde (Almeida *et al.*, 2020). Variações extremas de umidade podem aumentar o risco de estresse térmico e doenças respiratórias, enquanto níveis baixos podem provocar desconforto e desidratação (Baena *et al.*, 2022).

Os animais dispõem de mecanismos fisiológicos para regular a temperatura corporal e se adaptar às condições ambientais, incluindo a produção e a perda de calor. Esses mecanismos envolvem termorregulação comportamental, como buscar ou evitar locais com sombra ou água, e termorregulação fisiológica, como a sudorese e mudanças no fluxo sanguíneo periférico (Martins et al., 2019).

Dessa forma, compreender as interações entre o clima e as condições ambientais é essencial para garantir o bem-estar e a saúde dos animais. Aspectos como temperatura, umidade, ventilação, altitude e latitude desempenham papéis vitais na adaptação e na produtividade dos animais, e o manejo eficaz desses fatores é fundamental para a sustentabilidade na produção animal e no cuidado responsável com os animais de estimação.

Este capítulo explora os principais conceitos relacionados à Bioclimatologia Animal, uma ciência que investiga como os organismos animais interagem com as condições climáticas. Serão examinadas as adaptações fisiológicas e comportamentais dos animais às variações climáticas, assim como os impactos das mudanças climáticas globais sobre a biodiversidade e as populações animais.

### 1.2. Conceitos fundamentais e aplicações da bioclimatologia animal

A Bioclimatologia Animal é um ramo da biologia que estuda as relações entre os organismos animais e as condições climáticas do ambiente em que vivem. Esse campo abrange desde as adaptações fisiológicas e comportamentais dos animais às variações climáticas até os efeitos das mudanças climáticas globais sobre a biodiversidade e as populações animais (Santos et al., 2021). Compreender essas interações é essencial tanto para a produção animal quanto para o bem-estar dos *pets* (Hahn et al., 2021; Battisti et al., 2019), abrangendo a escolha das espécies criadas e os cuidados diários com a saúde e o conforto dos animais.

Na produção animal, fatores climáticos como temperatura, umidade e regime de chuvas desempenham papéis essenciais (Gebremedhin et al., 2018). Animais criados para produção de alimentos, como gado, aves e suínos, são sensíveis às variações ambientais, e condições climáticas extremas podem afetar seu crescimento, reprodução e imunidade, levando a perdas econômicas significativas para os produtores (Mader *et al.*, 2020). Além disso, climas adversos podem aumentar o risco de doenças e estresse nos animais, exigindo estratégias de manejo adequadas, como sistemas de ventilação, sombreamento e oferta de água (Hall *et al.*, 2022).

Da mesma forma, no caso dos animais de estimação, entender os aspectos climáticos é essencial para garantir seu bem-estar (Dantas-Torres, 2023). Cães e gatos podem sofrer com calor excessivo ou frio intenso (McMichael *et al.*, 2018). A exposição prolongada ao sol sem proteção pode causar insolação e queimaduras, enquanto temperaturas baixas podem levar a hipotermia. Assim, proporcionar um ambiente seguro e confortável é fundamental para mantê-los saudáveis e felizes (Bertelsen *et al.*, 2021).

As mudanças climáticas globais estão impactando tanto a produção animal quanto os animais de estimação (IPCC, 2021). Alterações nos padrões de temperatura e precipitação estão criando novos desafios, exigindo adaptação das práticas agrícolas e precauções para proteger os animais domésticos (Benjamin *et al.*, 2020). Recentemente, estudos mostraram como a Bioclimatologia pode ajudar a prever mudanças na distribuição geográfica das espécies e a identificar áreas de conservação prioritárias em cenários climáticos variados (Urban *et al.*, 2020). Além disso, avanços em sensoriamento remoto e modelagem estatística têm permitido uma análise detalhada e em larga escala das respostas bioclimáticas (Thuiller *et al.*, 2021).

### 1.3 Importantes indicadores da bioclimatologia animal

#### 1.3.1 Temperatura ambiental

A temperatura ambiental em instalações para animais refere-se à temperatura média do ar dentro do espaço onde os animais são mantidos. Essa medida é essencial para garantir o conforto térmico e o bem-estar dos animais, pois influencia diretamente a sua fisiologia, o seu comportamento e o seu desempenho produtivo (Smith *et al.*, 2015; Johnson; Jones, 2018).

A temperatura ambiental adequada varia de acordo com a espécie animal e as condições específicas do ambiente, levando em consideração fatores como idade, peso, tipo de pelagem, taxa metabólica e estágio de produção (Brown, 2017). Manter a temperatura ambiental dentro de uma faixa ideal é crucial para evitar o estresse térmico, que pode resultar em problemas de saúde, redução da ingestão de alimentos, diminuição da produção e até mesmo mortalidade (Johnson; Jones, 2018). Portanto, o monitoramento e o controle cuidadoso da temperatura ambiental são aspectos fundamentais no manejo adequado das instalações para animais (Smith *et al.*, 2015).

A temperatura do ar é o que envolveria o corpo do animal se não houvesse vento nem radiação, nem alteração da umidade relativa ou da pressão barométrica (Brown, 2017). O ideal para os animais domésticos é que haja um gradiente de 6° + 6°C entre a temperatura central do corpo e a superfície da pele, e desta para com o ar (Smith *et al.*, 2015). Assim, o fluxo do excesso de calor corpóreo caminharia naturalmente para fora, e toda reação química exergônica poderá ser realizada sem causar superaquecimento no corpo do animal (Johnson; Jones, 2018). A temperatura do ar é um elemento muito usado para definir ambientes; contudo, a luz, a radiação, a umidade relativa, a precipitação, a pressão barométrica, o vento e a altitude podem alterar todo esse quadro (Brown, 2017).

A temperatura do ar pode ser mensurada por meio de termômetros de bulbo seco fora do vento e da radiação, é uma determinação média de como está a situação (Smith *et al.*, 2015). A temperatura do ar, a radiação e a umidade relativa são os elementos que mais podem interferir na produção animal (Johnson; Jones, 2018). A umidade relativa do ar associada à temperatura do ar alta é o pior ambiente e quando associada à falta de sombra, a radiação vem completar o quadro de impossibilidade de termorregulação dos animais (Brown, 2017).

Outro método de mensuração de temperatura ambiente é o termômetro de globo negro, que é um dispositivo utilizado para medir o índice de temperatura de globo e, consequentemente, avaliar o conforto térmico em ambientes diversos. Ele é composto por uma esfera oca, geralmente de cobre ou alumínio, com uma superfície pintada de preto fosco, que absorve toda a radiação térmica do ambiente. No interior da esfera, há um termômetro que mede a temperatura resultante da combinação de radiação solar, temperatura do ar e velocidade do vento (Oliveira *et al.*, 2022).

O funcionamento do termômetro de globo negro baseia-se na absorção e troca de calor entre a esfera preta e o ambiente circundante. Ao absorver a radiação térmica, a esfera esquenta, e o termômetro no interior registra a temperatura que resulta dessa combinação de fatores ambientais. Isso permite uma avaliação mais precisa das condições térmicas em um dado local, pois considera não apenas a temperatura do ar, mas também o impacto da radiação solar e do vento (Silva *et al.*, 2023).

Para utilizar o termômetro de globo negro corretamente, é necessário posicioná-lo no local onde se deseja medir o índice de temperatura de globo, preferencialmente a uma altura de 1 a 1,5 metro do solo, que corresponde à altura média do centro de massa do corpo humano em pé. A leitura deve ser realizada após um tempo de estabilização, normalmente entre 20 a 30 minutos, para garantir que a temperatura registrada seja representativa das condições térmicas do ambiente (Santos *et al.*, 2023).

Entre esses fatores, a temperatura do ar, a radiação e a umidade relativa exercem o maior impacto na produção animal (Smith *et al.*, 2015). Em particular, altas temperaturas do ar combinadas com alta umidade relativa e falta de sombra representam o ambiente mais desafiador para os animais, com a radiação solar exacerbando ainda mais as dificuldades de termorregulação (Johnson; Jones, 2018).

### 1.3.2 Temperaturas mínima e máxima para animais de produção e de estimação

A zona de termoneutralidade para animais de produção é a faixa de temperatura ambiente na qual os animais mantêm sua temperatura corporal sem necessidade de aumentar o consumo de alimentos ou alterar seu comportamento para se aquecer ou esfriar. Dentro dessa zona, o gasto energético dos animais é minimizado, permitindo que a energia consumida seja direcionada para crescimento, reprodução e produção, em vez de para a regulação térmica. Essa faixa varia de acordo com a espécie, a idade e o estágio de produção dos animais, e é essencial para a sua saúde e o seu desempenho (Kaufmann *et al.*, 2010; Mader *et al.*, 2006).

A importância da zona de termoneutralidade reside no impacto direto que a temperatura ambiente tem sobre o bem-estar e a eficiência produtiva dos animais. Temperaturas fora dessa faixa podem causar estresse térmico, que afeta negativamente a ingestão de alimentos, a taxa de crescimento, a produção de leite ou carne, e a eficiência reprodutiva. Além disso, condições térmicas adversas podem aumentar a suscetibilidade a doenças e diminuir a qualidade dos produtos animais, levando a prejuízos econômicos para os produtores (Gonzalez *et al.*, 2011; Silva *et al.*, 2018).

Manter os animais dentro da zona de termoneutralidade é, portanto, essencial para garantir um ambiente que promova a saúde e maximize a produtividade. Isso requer uma gestão eficaz das condições ambientais, como temperatura, umidade e ventilação, para criar condições ideais que minimizem o estresse térmico e promovam o bem-estar dos animais. A compreensão e a implementação adequada desses princípios são fundamentais para otimizar o desempenho e a sustentabilidade dos sistemas de produção animal (Mader *et al.*, 2006; Nienaber; Hahn, 2008). Abaixo indicamos as temperaturas máxima e mínima para animais de produção:

**Figura 1.1.** Temperaturas máxima e mínima (C°) dentro da zona de termoneutralidade de animais de produção

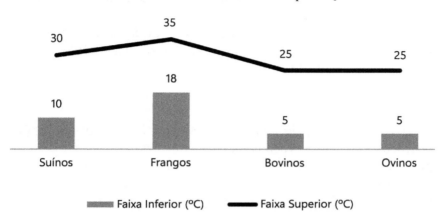

Fonte: Adaptado de Banhazi *et al.* (2019), Miller *et al.* (2017), Gonzalez *et al.* (2019), Lara; Rostagno (2013), Rasby *et al.* (2008), Nielsen *et al.* (2013), Bligh; Pearson (2003), e Miller *et al.* (2014).

### 1.3.2.1 Suínos

Durante a fase de maternidade, é necessário garantir uma temperatura adequada para os leitões recém-nascidos. Estudos indicam que a temperatura ideal para essa fase varia de cerca de 30°C na primeira semana de vida, com uma redução gradual para 24-26°C até a quarta semana (Quiniou *et al.*, 2012).

Ao adentrar a fase de creche, a manutenção da temperatura assume importância igualmente significativa. Pesquisas demonstram que é recomendável manter a temperatura entre 26-28°C nas primeiras semanas, com uma diminuição gradual para 22-24°C até o término desta fase (Aarnink; Hol; Beurskens, 2017).

Para suínos em fase de crescimento, a temperatura ambiente desempenha um papel fundamental em seu desenvolvimento. A faixa ideal de temperatura para essa etapa varia entre 20-22°C, com uma tolerância de até 30°C em condições de alta umidade (Jensen *et al.*, 2012).

Para a fase de terminação, antes do abate, é necessário manter a temperatura em torno de 20-22°C, para garantir o conforto térmico e o desempenho dos suínos. Essa faixa de temperatura contribui para o bem-estar dos animais e pode afetar diretamente sua qualidade e produtividade (McGlone *et al.*, 2013).

### 1.3.2.2. Bovinos

Durante a fase de lactação, é essencial fornecer condições térmicas ideais para vacas leiteiras e de corte, uma vez que temperaturas fora da faixa ideal podem afetar a produção de leite e o bem-estar em geral. Estudos indicam que a faixa ideal de temperatura para vacas em lactação varia entre 10-15°C, o que contribui para o conforto térmico e reduz os riscos de estresse por calor, promovendo, assim, uma melhor produtividade (Silva *et al.*, 2022; Mader *et al.*, 2006). Manter um ambiente fresco é, portanto, indispensável para o desempenho reprodutivo e a saúde das vacas, especialmente nas estações mais quentes (Smith *et al.*, 2021).

Para bezerros em crescimento e bovinos de corte em terminação, a faixa de temperatura ideal é um pouco mais baixa, entre 5-10°C, pois esses animais apresentam maior resistência ao frio, mas são mais suscetíveis ao estresse por calor, o que impacta diretamente seu ganho de peso e a eficiência alimentar (Johnson; White, 2023; Mader *et al.*, 2006). Nessas condições, o manejo adequado das temperaturas ajuda a garantir um crescimento saudável e eficiente, além de proteger contra problemas respiratórios e metabólicos associados a extremos de temperatura (Gomes *et al.*, 2023).

### 1.3.2.3 Ovinos e caprinos

Estudos recentes destacam a faixa de conforto térmico para ovinos e caprinos, espécies sensíveis às variações de temperatura, com impacto direto em seu bem-estar e produtividade. As temperaturas ideais máximas e mínimas para ovinos e caprinos, conforme abordagens contemporâneas, situam-se entre 24°C e 27°C, para a máxima, e entre 15°C e 18°C, para a mínima, valores que variam levemente dependendo do ambiente e das práticas de manejo (Silva *et al.*, 2021; Almeida *et al.*, 2022).

Em temperaturas acima de 27°C, o metabolismo dos ovinos e dos caprinos tende a aumentar a frequência respiratória e a reduzir a ingestão de alimento, visando manter a homeostase térmica. No entanto, temperaturas abaixo de 15°C podem exigir adaptações físicas e comportamentais, como o aumento do consumo energético para aquecimento, o que, por sua vez, impacta a eficiência alimentar e o crescimento (Gomes *et al.*, 2023).

Além disso, condições extremas de temperatura podem predispor essas espécies a doenças respiratórias e digestivas, especialmente em ambientes em que a ventilação e a umidade não são adequadas (Ferreira; Santos, 2023). Para garantir o bem-estar dos ovinos e dos caprinos, é recomendável que instalações e práticas de manejo considerem esses limites de temperatura e adotem técnicas de sombreamento, ventilação e adaptação sazonal, o que é essencial para otimizar o bem-estar e o desempenho desses animais em diferentes climas e sistemas de produção (Costa *et al.*, 2023).

### 1.3.2.4 Animais de estimação

A temperatura ambiente considerada ideal para cães e gatos pode variar significativamente de acordo com a raça, a idade, o tamanho e as condições individuais de cada animal.

Em geral, a faixa de conforto térmico para cães costuma estar entre 18°C e 24°C, enquanto para gatos é um pouco mais alta, entre 20°C e 27°C. No entanto, as preferências térmicas podem variar entre raças, com algumas sendo mais tolerantes ao calor do que outras, devido às suas origens geográficas e às suas características físicas. Por exemplo, raças de cães originárias de regiões mais frias tendem a ser mais sensíveis ao calor, enquanto raças de gatos de pelo curto podem ser mais tolerantes a temperaturas mais altas.

É essencial que os tutores estejam atentos aos sinais de desconforto térmico em seus animais de estimação, como ofegar excessivamente, letargia, prostração ou busca por locais frescos para se abrigar. Em climas quentes, é importante fornecer sombra, água fresca e locais ventilados para os animais se refrescarem e evitar a exposição prolongada ao sol. Da mesma forma, em climas frios, é essencial oferecer abrigo e proteção contra o frio para garantir o conforto e o bem-estar dos *pets*.

### 1.4 Elementos críticos do microclima

#### 1.4.1 Ventos

O vento contribui para a dissipação do calor corporal dos animais, especialmente em regiões de clima quente. A circulação do ar promove a evaporação do suor e a troca de calor, ajudando a evitar o estresse térmico e a manter uma temperatura corporal adequada.

Além disso, o vento contribui para a renovação do ar nos ambientes de criação, auxiliando na remoção de gases nocivos, como amônia e dióxido de carbono, e na redução do acúmulo de umidade. Isso é crucial para prevenir doenças respiratórias e manter a qualidade do ar nas instalações dos animais.

Outro aspecto importante é que o vento pode reduzir a incidência de insetos e parasitas, que podem afetar a saúde e o desempenho dos animais. A movimentação do ar dificulta a permanência desses organismos e ajuda a mantê-los afastados das áreas de criação, desempenhando um papel vital na termorregulação, especialmente em regiões tropicais, onde a dissipação do calor corporal é essencial para a produtividade animal.

#### 1.4.2 Umidade atmosférica

A umidade atmosférica desempenha um papel importante na produção animal, influenciando diretamente o conforto térmico, a saúde e o desempenho dos animais. Altos níveis de umidade podem aumentar a sensação de calor e dificultar a dissipação do calor corporal, levando ao estresse térmico em animais de produção. Isso pode resultar em diminuição da ingestão de alimentos, redução da produção de leite, crescimento mais lento e até mesmo mortalidade, em casos extremos.

A umidade elevada cria condições favoráveis para o crescimento de microrganismos patogênicos, aumentando o risco de doenças respiratórias e problemas de pele nos animais. Desse modo, é essencial monitorar e controlar os níveis de umidade nas instalações de produção animal, por meio de ventilação adequada, controle da umidade relativa e adoção de práticas de manejo que promovam o conforto e o bem-estar dos animais.

Um ambiente com níveis adequados de umidade atmosférica contribui para a saúde e a produtividade dos animais, garantindo assim uma produção animal eficiente e sustentável.

Tabela 1.1. Faixa de umidade relativa ideal para animais de produção

| Espécie | Umidade Relativa Ideal (%) | Referência |
| --- | --- | --- |
| Suínos (Maternidade) | 70-80% | (Quiniou et al., 2012) |
| Suínos (Creche) | 50-70% | (Aarnink; Verstegen; Van der Peet-Schwering, 2017) |
| Suínos (Crescimento) | 60% | (Jensen et al., 2012) |
| Suínos (Terminação) | 50-70% | (McGlone et al., 2013) |
| Bovinos | 50-70% | (Boone et al., 2014) |
| Frango de corte | 50-70% | (Estevez, 2015) |
| Ovinos/Caprinos | 50-70% | (Gregory et al., 2016) |

Fonte: Autores supracitados.

### 1.4.3 Altitude e latitude

A altitude afeta a temperatura, a pressão atmosférica e a radiação solar, entre outros fatores climáticos. Em altitudes mais elevadas, a temperatura tende a ser mais baixa devido à diminuição da pressão atmosférica, o que afeta o conforto térmico dos animais. Além disso, a radiação solar é mais intensa em altitudes mais elevadas, o que pode influenciar a disponibilidade de nutrientes nas pastagens e o metabolismo dos animais.

A latitude está relacionada à incidência de luz solar e às estações do ano. Regiões próximas ao Equador experimentam uma maior intensidade de luz solar ao longo do ano, enquanto regiões mais distantes do Equador têm variações mais pronunciadas entre as estações. Isso afeta não apenas a temperatura, mas também os padrões de crescimento das plantas e a disponibilidade de forragem para os animais.

É importante considerar a altitude e a latitude, o que é essencial para garantir o bem-estar e a produtividade dos animais de produção. Isso inclui a adaptação de práticas de manejo, como seleção de raças mais adequadas ao clima local, ajustes na dieta e fornecimento de abrigo adequado para proteger os animais das condições climáticas adversas.

As melhores latitudes e altitudes para a produção de suínos, aves, bovinos de corte e leite podem variar de acordo com as características específicas de cada espécie e raça. Para suínos, estudos indicam que as melhores latitudes estão entre 30°N e 45°S, com altitudes variando de 0 a 500 metros acima do nível do mar para garantir condições climáticas ideais (Monteiro *et al.*, 2019).

No caso das aves, latitudes próximas ao Equador, entre 20°N e 20°S, são consideradas mais adequadas, com altitudes variando entre 0 e 1.000 metros (Rocha *et al.*, 2018). Para bovinos de corte, as latitudes ideais podem estar entre 30°N e 30°S, com altitudes de até 1.500 metros, enquanto para bovinos de leite, latitudes mais altas, entre 40°N e 40°S, são preferíveis, com altitudes variando de 0 a 2.000 metros (Marcondes *et al.*, 2020).

Quanto à adaptação de cães e gatos às diferentes altitudes e latitudes, essa questão é influenciada por fatores como raça, idade e histórico de adaptação. Raças de cães com origens em regiões montanhosas, como os Huskies Siberianos, tendem a se adaptar melhor a altitudes mais elevadas, enquanto raças de cães de porte pequeno, como os Chihuahuas, podem ter mais dificuldade devido ao seu tamanho e à sua estrutura corporal (Rautenbach *et al.*, 2020). No entanto, cães e gatos têm uma capacidade notável de se adaptar a uma variedade de ambientes, e a maioria das raças pode se ajustar a diferentes altitudes e latitudes com o devido cuidado e condições adequadas.

É importante considerar o conforto ambiental e comportamental dos animais, garantindo que eles tenham acesso a abrigo, água fresca, sombra e condições climáticas adequadas para a sua saúde e o seu bem-estar, independentemente da altitude ou da latitude em que vivem (Bernardi *et al.*, 2019).

### 1.4.4 Chuvas

As chuvas desempenham um papel essencial na produção animal em sistemas comerciais, impactando significativamente o bem-estar dos animais e a eficiência produtiva. Em sistemas de produção intensiva, nos quais os animais frequentemente estão confinados, o controle da temperatura é importante para evitar o estresse térmico (Martins; Silva, 2023).

A chuva contribui para a redução da temperatura do ambiente por meio do processo de evaporação, que ocorre quando a água se transforma em vapor e absorve calor do ar e das superfícies ao seu redor. Esse efeito de resfriamento ajuda a manter condições mais amenas, o que é fundamental para o conforto dos animais. Em situações de estresse térmico, os animais podem experimentar uma diminuição na eficiência alimentar, uma redução na taxa de crescimento e um aumento na suscetibilidade a doenças, o que pode impactar negativamente tanto a produtividade quanto a qualidade dos produtos (Oliveira, 2022).

Além de reduzir a temperatura, a chuva também aumenta a umidade do ambiente, a qual desempenha um papel vital na regulação da temperatura corporal dos animais, facilitando a troca térmica por meio de vários mecanismos. Entre esses mecanismos, a condução refere-se à transferência de calor diretamente entre superfícies em contato, enquanto a convecção envolve o transporte de calor por meio do movimento do ar. A radiação é a emissão de calor na forma de ondas infravermelhas. Esses processos são essenciais para que os animais mantenham uma temperatura corporal adequada e se ajustem às variações ambientais (Martins; Silva, 2023).

Quando a umidade está em níveis apropriados, a capacidade dos animais de dissipar o calor por meio da evaporação e da convecção é maximizada. Isso ajuda a prevenir o estresse térmico e melhora o bem-estar geral dos animais. Com um ambiente mais equilibrado e saudável, os animais têm melhor desempenho em termos de crescimento e produção, o que resulta em uma maior eficiência produtiva e, consequentemente, em uma melhor rentabilidade para os sistemas comerciais de produção animal (Oliveira, 2022).

Portanto, chuvas regulares são um fator essencial na criação de condições ideais para a produção animal, promovendo um ambiente que apoia a saúde e o rendimento dos animais, e beneficiando assim a sustentabilidade e a lucratividade dos sistemas de produção (Martins; Silva, 2023).

### 1.4.5 Elementos críticos do clima para animais de estimação

A compreensão dos aspectos climáticos é essencial tanto para a produção animal quanto para o bem-estar dos *pets*, já que o clima influencia diretamente o comportamento, a saúde e o desempenho dos animais (Bernabucci *et al.*, 2014; Mader *et al.*, 2006).

Na produção animal, fatores como temperatura, umidade, ventilação e precipitação são determinantes para a saúde e a produtividade. Temperaturas extremas, por exemplo, podem causar estresse térmico, afetando a ingestão de alimentos, a reprodução e a produção de leite ou carne (Bohmanova *et al.*, 2007). Além disso, altos níveis de umidade elevam a suscetibilidade a doenças respiratórias e parasitárias (Tao *et al.*, 2012). A ventilação adequada é igualmente importante, pois garante a qualidade do ar nas instalações, evitando o acúmulo de gases nocivos e a propagação de doenças (Brown-Brandl *et al.*, 2013). Já a precipitação afeta a disponibilidade de pastagem e água, influenciando diretamente a nutrição e a hidratação dos animais (Friggens *et al.*, 2007).

Assim como os animais de produção, os *pets* também são suscetíveis ao estresse térmico. A aplicação dos princípios da Bioclimatologia permite aos tutores criarem ambientes com conforto térmico adequado em todas as estações do ano, por meio de abrigo, sombra, ventilação e controle de temperatura, prevenindo o sofrimento dos animais tanto pelo frio intenso quanto pelo calor extremo (Broom, 2014; Hetts *et al.*, 1992).

A ventilação e a qualidade do ar são fundamentais para a saúde respiratória dos *pets*, pois ambientes mal ventilados ou com alta concentração de poluentes podem causar problemas respiratórios, como alergias e infecções. Controlar esses aspectos ambientais é, portanto, essencial para a saúde pulmonar dos animais de estimação (AVMA, 2013; Wilson *et al.*, 1995).

Além disso, ambientes com temperatura e umidade desreguladas favorecem a proliferação de parasitas e patógenos. Manter um ambiente saudável é vital para prevenir infestações e infecções nos *pets* (Little *et al.*, 2010; Glickman; Moore, 2014).

Temperaturas extremas representam riscos adicionais para cães e gatos, podendo levar ao superaquecimento ou à hipotermia. A exposição prolongada ao sol, por exemplo, pode causar queimaduras, e as variações sazonais influenciam o comportamento e as necessidades de exercício, exigindo adaptações nos cuidados dos *pets* ao longo do ano (Linzey; Clifford, 2019). Compreender e administrar adequadamente esses fatores climáticos é imprescindível para assegurar o bem-estar, a saúde e o desempenho tanto dos animais de produção quanto dos de estimação, promovendo uma convivência harmoniosa entre humanos e animais (Linzey; Clifford, 2019).

Ambientes confortáveis e seguros promovem não apenas a saúde física e emocional, mas também a longevidade dos animais. Assim, a criação de espaços adequados para os *pets* é essencial para a garantia de sua qualidade de vida (Wells; Hepper, 1992; Podberscek *et al.*, 2000).

**1.5 Papel da área de bioclimatologia para o profissional da área de saúde animal**

Os profissionais da saúde animal se beneficiam da aplicação dos princípios da Bioclimatologia em suas práticas diárias, permitindo uma abordagem mais eficaz no cuidado dos animais. A Bioclimatologia oferece uma compreensão abrangente dos fatores climáticos que impactam os animais, permitindo que os profissionais ajustem o manejo e as condições de criação de acordo com as necessidades específicas de cada espécie (Teixeira *et al.*, 2020).

Uma das principais atuações dos profissionais é a avaliação das condições ambientais. Isso inclui monitorar a temperatura e a umidade em instalações de criação e ambientes onde os animais são mantidos. De acordo com Martins *et al.* (2021), o controle dessas variáveis é essencial para prevenir o estresse térmico, que pode afetar a ingestão de alimentos, a reprodução e a produção de leite ou carne. A implementação de sistemas de ventilação adequados e a criação de áreas sombreadas são medidas recomendadas para mitigar os efeitos adversos do clima.

Os profissionais devem adaptar as estruturas onde os animais são mantidos para garantir conforto térmico. Por exemplo, durante o verão, a instalação de ventiladores, nebulizadores ou sistemas de resfriamento pode ser crucial para evitar a hipertermia em animais de produção (González *et al.*, 2022). Já em climas frios, é importante garantir que as instalações sejam adequadamente isoladas e que os animais tenham acesso a abrigos para evitar a hipotermia (Bohmanova *et al.*, 2007).

CAPÍTULO 1: INTRODUÇÃO À BIOCLIMATOLOGIA ANIMAL

Além de gerenciar as instalações, os profissionais da saúde animal desempenham um papel vital na educação e orientação dos proprietários sobre como criar ambientes adequados para seus animais de estimação. Eles podem oferecer informações sobre a importância de fornecer abrigo, sombra, ventilação e controle de temperatura, promovendo a saúde e o bem-estar dos animais (Broom, 2014). Essa conscientização é especialmente importante em áreas urbanas, onde o estresse térmico pode ser exacerbado por fatores como a urbanização e a poluição (Linzey; Clifford, 2019).

A Bioclimatologia também é fundamental na promoção do bem-estar animal. Profissionais devem considerar os princípios da Bioclimatologia ao projetar e gerenciar instalações, criando ambientes que atendam às necessidades fisiológicas e comportamentais dos animais. Isso pode incluir a disposição adequada dos espaços, a escolha de materiais que ajudem na regulação térmica e a criação de áreas de lazer que incentivem comportamentos naturais (Assis *et al.*, 2020).

Por fim, a compreensão das interações entre clima e saúde animal permite que os profissionais implementem intervenções preventivas. Isso inclui a identificação precoce de sinais de estresse térmico e a aplicação de medidas corretivas antes que problemas de saúde se desenvolvam. De acordo com Lima, Costa e Souza (2017), ações rápidas e informadas podem evitar a ocorrência de doenças e melhorar a produtividade dos animais.

**1.6 Considerações finais**

De acordo com a importância da Bioclimatologia para a produção, este capítulo inicial fornece uma análise abrangente das práticas agrícolas voltadas para a promoção da saúde, do bem-estar e do desempenho dos animais na produção agropecuária.

Ao abordar uma variedade de estratégias fica evidente que a otimização desses aspectos é importante não apenas para a sustentabilidade do setor, mas também para garantir normas éticas e de qualidade. Reconhecendo os desafios e as oportunidades associados à produção animal, podemos avançar em direção a sistemas mais responsáveis e eficientes, que beneficiem os animais, a empresa e os consumidores finais.

# CAPÍTULO 2: FISIOLOGIA ANIMAL E RESPOSTAS AO AMBIENTE CLIMÁTICO

### 2.1. Introdução à fisiologia animal e sua relação com a bioclimatologia

A capacidade dos animais de regular sua temperatura corporal é fundamental para manter funções biológicas essenciais diante das variações ambientais. Este processo, conhecido como termorregulação, é essencial para os homeotermos, como mamíferos e aves, que mantêm uma temperatura interna relativamente constante independentemente das condições externas (St-Pierre *et al.*, 2003; Renaudeau *et al.*, 2012).

A adaptação fisiológica dos animais ao clima é um fenômeno intrigante que se manifesta de maneiras diversas. Desde ruminantes que precisam ajustar sua atividade ruminal para dissipar calor até *pets* que adaptam comportamentos e estruturas corporais para lidar com variações sazonais, cada espécie desenvolveu estratégias únicas para enfrentar os desafios impostos pelas mudanças climáticas globais.

Neste capítulo, exploraremos as adaptações fisiológicas de três categorias distintas de animais: ruminantes, não ruminantes e *pets*, destacando os mecanismos hormonais, metabólicos e comportamentais que permitem sua sobrevivência e desempenho em diferentes ambientes climáticos. Discutiremos a importância dessas adaptações para a produtividade animal e as estratégias de manejo que visam mitigar os impactos adversos das condições climáticas extremas.

### 2.2. Adaptabilidade fisiológica dos animais às variações climáticas

A fisiologia animal é entrelaçada com as variações climáticas que moldam os ambientes em que vivem. Desde os ruminantes pastando nas vastas planícies até os animais de estimação desfrutando do conforto de seus lares, cada espécie desenvolveu adaptações fisiológicas únicas para enfrentar os desafios impostos pelas mudanças climáticas.

Em primeiro lugar, examinaremos como os ruminantes, com seus complexos sistemas digestivos, conseguem extrair nutrientes dos alimentos fibrosos em diferentes condições climáticas, destacando estudos recentes que revelam os mecanismos hormonais e metabólicos por trás dessas adaptações. Em seguida, investigaremos as estratégias fisiológicas dos não ruminantes, como suínos e aves, para regular a produção de calor e lidar com o estresse térmico em climas extremos, considerando as implicações práticas para a produção animal. Por fim, abordaremos as respostas fisiológicas e comportamentais dos animais de estimação, como cães e gatos, a variação climática, e como os proprietários podem promover o bem-estar de seus companheiros peludos em diferentes ambientes.

Além disso, discutiremos a importância da variação climática na produtividade e na saúde dos animais, bem como estratégias de manejo para mitigar seus efeitos adversos. Ao compreendermos melhor a adaptabilidade fisiológica dos animais às variações climáticas e implementarmos práticas de manejo adequadas, podemos promover o bem-estar animal e garantir a sustentabilidade da produção animal em um mundo em constante mudança climática.

A adaptabilidade fisiológica dos animais às variações climáticas é crucial para a sua sobrevivência e o seu desempenho em diferentes ambientes. No contexto dos ruminantes, como bovinos e ovinos, a fisiologia digestiva desempenha um papel fundamental na adaptação a condições climáticas diversas. Por exemplo, durante períodos de calor intenso, esses animais podem aumentar a frequência de sua atividade ruminal para facilitar a dissipação de calor corporal por meio da salivação e da produção de gases no rúmen, auxiliando na regulação da temperatura corporal (Balog *et al.*, 2003). Além disso, a capacidade dos ruminantes de metabolizar fibras vegetais de forma eficiente permite-lhes adaptar sua dieta para compensar variações na disponibilidade de alimentos causadas por mudanças climáticas sazonais (Clauss *et al.*, 2007).

Em contrapartida, os animais não ruminantes, como suínos e aves, dependem mais da termorregulação comportamental para lidar com variações climáticas. Por exemplo, esses animais podem buscar abrigo à sombra ou se refrescar em banhos de lama durante períodos de calor intenso para reduzir o estresse térmico (Renaudeau *et al.*, 2012).

Em relação aos *pets*, como cães e gatos, a adaptação fisiológica às variações climáticas é influenciada tanto por fatores genéticos quanto por fatores ambientais. Raças de cães originárias de climas mais frios, por exemplo, tendem a desenvolver pelagens mais densas e subpelo durante o inverno para aumentar a capacidade de isolamento térmico, enquanto raças adaptadas a climas quentes podem ter pelagens mais curtas e menos densas para facilitar a dissipação de calor (Wayne, 2008). Cães e gatos podem ajustar seu comportamento buscando locais frescos para descansar ou diminuindo sua atividade física durante períodos de calor intenso, para evitar o superaquecimento (Bruchim *et al.*, 2011).

A importância da variação climática na fisiologia dos animais está intrinsecamente ligada à sua capacidade de adaptação, que pode afetar diretamente sua saúde, seu bem-estar e seu desempenho produtivo. Portanto, para mitigar potenciais perdas produtivas associadas a variações climáticas extremas, diversas técnicas são empregadas, incluindo a seleção genética de animais mais resistentes a estresses térmicos, o desenvolvimento de instalações e sistemas de manejo climaticamente controlados, e a implementação de práticas de gestão nutricional e de bem-estar animal adequadas a cada ambiente (St-Pierre *et al.*, 2003). Essas abordagens integradas visam garantir a sustentabilidade e a eficiência da produção animal em face das mudanças climáticas globais.

## 2.3. Animais endotérmicos e ectotérmicos: diferenças e importância da regulação da temperatura

A regulação térmica é essencial para a sobrevivência e o bem-estar dos animais. Os organismos precisam manter a temperatura corporal dentro de uma faixa ideal para otimizar suas funções metabólicas e evitar estresses térmicos (Smith *et al.*, 2022). Este capítulo explora os mecanismos de produção e perda de calor nos animais, abordando os processos de termogênese e termólise, e discutindo como diferentes espécies, incluindo suínos, aves, bovinos, caprinos e animais de estimação, lidam com essas questões (Johnson; Miller, 2021).

### 2.3.1. Termogênese

É o processo pelo qual os animais geram calor para manter a temperatura corporal. Esse processo pode ser dividido em termogênese basal, que é a produção contínua de calor necessária para manter funções fisiológicas básicas, e termogênese induzida, que ocorre em resposta a estímulos específicos, como exposição ao frio ou ingestão de alimentos (Brown; Heller, 2023a).

A termogênese pode ser classificada em dois tipos principais:

- **Termogênese metabólica:** envolve a produção de calor por meio da oxidação de nutrientes. Em condições de frio, a atividade metabólica aumenta para gerar calor, o que é observado em mamíferos como suínos e bovinos. A produção de calor por meio da termogênese metabólica é regulada por hormônios como a tiroxina e a adrenalina, que aumentam o ritmo metabólico (Williams *et al.*, 2022).

- **Termogênese despertada:** alguns animais, como os recém-nascidos e algumas espécies de aves, podem gerar calor por meio da termogênese não tremulante, que não envolve a contração muscular involuntária. Esse processo é mediado pela ativação do tecido adiposo marrom, que é especialmente ativo em recém-nascidos e animais expostos a baixas temperaturas (Jones *et al.*, 2023).

### 2.3.2. Termólise

Refere-se aos mecanismos que os animais utilizam para dissipar o calor acumulado. Esses mecanismos incluem condução, convecção, radiação e evaporação. A eficiência desses processos é fundamental para evitar o superaquecimento e garantir o conforto térmico (White; Patel, 2024).

A termólise é facilitada por vários mecanismos:

- **Condução:** transferência direta de calor para superfícies em contato com o animal, como o solo ou a água. Animais que passam muito tempo em contato com superfícies frias ou quentes podem ajustar seu comportamento para minimizar ou maximizar a transferência de calor (Baena *et al.*, 2022).
- **Convecção:** transferência de calor por meio do movimento do ar ou água ao redor do animal. Ventiladores ou correntes de ar em estábulos e galpões são exemplos de como a convecção pode ser manipulada para melhorar o conforto térmico (Martin; Lee, 2024).
- **Radiação:** emissão e absorção de calor na forma de radiação infravermelha. Animais podem buscar áreas com sombra ou sol para regular a temperatura corporal (Smithson; Davis, 2023).
- **Evaporação:** perda de calor por meio da transpiração ou da umidade exalada. Em aves e mamíferos, a evaporação é determinante para a regulação da temperatura, especialmente em condições de calor extremo (Clark; Young, 2023).

## 2.4 Influência hormonal

A regulação da temperatura corporal em animais é fortemente influenciada por diversos hormônios, que ajustam a taxa metabólica, a produção de calor e a resposta ao estresse térmico. Os principais hormônios envolvidos nesse processo incluem a tiroxina, o cortisol, a adrenalina e a noradrenalina. Vamos explorar detalhadamente o papel de cada um desses hormônios.

### 2.4.1. Tiroxina e hormônios tireoidianos

A **tiroxina** (T4) e o triiodotironina (T3) são hormônios produzidos pela glândula tireoide e desempenham um papel fundamental na regulação do metabolismo basal e da termogênese (Wilson; Adams, 2023). Esses hormônios aumentam a taxa metabólica dos tecidos, promovendo a produção de calor como subproduto do metabolismo acelerado.

- **Ação da tiroxina:** a tiroxina aumenta a oxidação de ácidos graxos e a utilização de oxigênio, resultando em um aumento da produção de calor. Em resposta a ambientes frios, a produção de tiroxina é estimulada para aumentar o metabolismo e gerar calor adicional, um processo conhecido como termogênese adaptativa (Brown; Heller, 2023b).

- **Regulação pela tiroxina:** a secreção de tiroxina é regulada pelo hormônio estimulador da tireoide (TSH), que é secretado pela glândula pituitária. A liberação de TSH é aumentada em resposta ao frio, o que, por sua vez, estimula a produção de T4 e T3 para ajudar na regulação da temperatura corporal (Smithson; Davis, 2023).

## 2.4.2. Cortisol

O cortisol é um hormônio produzido pelas glândulas adrenais em resposta ao estresse térmico e outras formas de estresse (Harrison; Brooks, 2022). Ele desempenha um papel crítico na adaptação do organismo às mudanças na temperatura.

> • **Resposta ao estresse térmico:** em situações de estresse térmico, o cortisol aumenta a disponibilidade de glicose e melhora a capacidade do organismo de lidar com o estresse, ajudando a manter a homeostase (Baena *et al.*, 2022). O cortisol também influencia a função do sistema imunológico e modula a resposta inflamatória.
>
> • **Efeitos metabólicos:** o cortisol pode ter efeitos variados sobre o metabolismo, incluindo a mobilização de reservas de energia e a modificação do comportamento alimentar, que são importantes para a termorregulação e a adaptação a mudanças de temperatura (Johnson; Miller, 2021).

## 2.4.3. Adrenalina e noradrenalina

Adrenalina (epinefrina) e noradrenalina (norepinefrina) são hormônios produzidos pela medula das glândulas adrenais e são cruciais para a resposta rápida ao frio (Harrison; Brooks, 2022).

> • **Ação da adrenalina e da noradrenalina:** esses hormônios promovem a vasoconstrição, que reduz o fluxo sanguíneo para a superfície da pele e ajuda a conservar o calor interno. Além disso, aumentam a termogênese por meio da estimulação do tecido adiposo marrom, que é altamente eficaz na produção de calor (Lee; Harris, 2023).

- **Resposta ao frio:** em resposta ao frio, a adrenalina e a noradrenalina aumentam a atividade das mitocôndrias nas células do tecido adiposo marrom, resultando em uma maior produção de calor sem a necessidade de tremores musculares (Wilson; Adams, 2023).

### 2.4.4. Outros hormônios

Além dos hormônios mencionados, outros hormônios também desempenham papéis na regulação térmica:

- **Insulina:** influencia a utilização de glicose e pode ter um efeito indireto sobre a produção de calor e a resposta ao frio, especialmente em relação ao armazenamento de energia e ao metabolismo (Adams *et al.*, 2024).
- **Melatonina:** embora mais conhecida por seu papel na regulação do ciclo sono-vigília, a melatonina também pode influenciar a termorregulação, especialmente em animais com padrões de atividade noturnos (Clark; Young, 2023).

## 2.5. Exemplos nas espécies

### 2.5.1. Suínos

Os suínos enfrentam desafios significativos na regulação da temperatura devido à sua pele espessa e ao número limitado de glândulas sudoríparas. Para compensar, eles se adaptam por meio de comportamentos como a busca por água ou lama para se refrescar. O repouso em poças de água ajuda na condução e evaporação do calor, reduzindo a temperatura corporal (Nguyen *et al.*, 2022). Além disso, a ventilação adequada e o fornecimento de sombra são essenciais para minimizar o estresse térmico durante os meses quentes.

CAPÍTULO 2: FISIOLOGIA ANIMAL E RESPOSTAS AO AMBIENTE CLIMÁTICO    43

**Figura 2.1.** Suínos se adaptam ao ambiente e utilizam mecanismos de termorregulação para o controle da temperatura corporal

Fonte: Elaborada pela autora, 2024.

### 2.5.2. Aves

As aves possuem um conjunto complexo de mecanismos de termorregulação. Em conforto, mantêm-se calmas, apresentando o comportamento de ciscar, comer e conviver em grupos. Em estresse por calor, podem ajustar a posição das penas para aumentar ou reduzir a perda de calor, e a expansão dos vasos sanguíneos na pele das pernas e da cabeça ajuda na dissipação de calor.

Em climas frios, as aves frequentemente aumentam a produção de calor e podem entrar em um estado de torpor para conservar energia (Lee; Harris, 2023). Algumas espécies têm adaptações comportamentais, como a busca por áreas mais quentes ou a construção de ninhos isolados para manter a temperatura corporal.

**Figura 2.2.** Aves em condições de conforto térmico, apresentando comportamento natural

Fonte: Elaborada pela autora, 2024.

### 2.5.3. Ruminantes: bovinos, ovinos e caprinos

Os ruminantes, devido à sua grande massa corporal e à baixa taxa de transpiração, são particularmente suscetíveis ao estresse térmico. Em ambientes quentes, eles utilizam sombra, acesso a água e ventilação para reduzir o acúmulo de calor. O uso de sistemas de resfriamento, como aspersores e ventiladores, é comum para aliviar o calor excessivo e melhorar o conforto térmico (Adams *et al.*, 2024). Além disso, o comportamento de buscar áreas frescas e a redução da atividade física durante os períodos mais quentes são estratégias adotadas para evitar o estresse térmico.

## 2.5.4. Animais de estimação

Animais de estimação, como cães e gatos, têm várias estratégias para lidar com mudanças de temperatura. Eles regulam a temperatura corporal por meio da evaporação da saliva, especialmente em condições de calor, e buscam locais frescos ou sombreados para se resfriar.

Durante o frio, eles podem buscar áreas aquecidas ou cobertores para se manterem quentes. A importância de intervenções, como condicionadores de ar e aquecedores, é crítica para garantir o conforto térmico desses animais, especialmente em condições extremas (Taylor; Bennett, 2024).

**Figura 2.3.** Representação da espécie canina com seus mecanismos de perda de calor

Fonte: Elaborada pela autora, 2024.

### 2.5.5. Animais selvagens

- **Cervos:** esses animais têm uma série de adaptações para lidar com variações de temperatura. Durante o inverno, eles aumentam a espessura do pelo, que funciona como um isolante térmico. Além disso, eles podem mudar seus padrões de atividade para evitar o calor durante o dia e se alimentar à noite, quando as temperaturas são mais baixas (Miller *et al.*, 2023).
- **Répteis:** diferentemente dos mamíferos e das aves, os répteis são ectotérmicos, o que significa que eles dependem de fontes externas de calor para regular sua temperatura corporal. Eles podem se aquecer ao sol durante o dia e se refugiar em áreas frescas à sombra para evitar o superaquecimento. Suas estratégias de termorregulação incluem mudar de local e ajustar suas atividades diárias de acordo com a temperatura ambiente (Green *et al.*, 2023).
- **Urso-polar:** eles têm um conjunto especializado de adaptações para lidar com o frio extremo. Sua pelagem espessa e a camada de gordura subcutânea fornecem isolamento térmico, enquanto suas patas possuem adaptações para caminhar sobre gelo e neve sem perder calor (Johnson *et al.*, 2024). Eles também reduzem a atividade física durante períodos extremamente frios para conservar energia e calor.

### 2.6. Respostas fisiológicas ao calor

As respostas fisiológicas ao calor são cruciais para os animais de produção, impactando diretamente seu desempenho, sua saúde e seu bem-estar. Animais têm mecanismos naturais de termorregulação, como transpiração em mamíferos e evaporação pela respiração em aves, para manter a temperatura corporal estável (St-Pierre *et al.*, 2003). Em resposta ao calor, há uma liberação de hormônios como adrenalina e cortisol, que desencadeiam respostas adaptativas no organismo (Renaudeau *et al.*, 2012). Essas respostas incluem alterações comportamentais, como busca por sombra ou mudanças na atividade, para evitar o calor excessivo (Mader *et al.*, 2006).

O estresse térmico pode alterar o metabolismo dos animais, afetando a ingestão de alimentos e o crescimento (Baumgard; Rhoads, 2013). Em ambientes mais frios, observa-se que espécies de mamíferos e aves aceleram seus mecanismos termorreguladores, como o aumento na produção de calor por meio do metabolismo basal e de tremores, para manterem suas temperaturas corporais (St-Pierre *et al.*, 2003). O impacto do estresse térmico se estende à reprodução, podendo resultar em taxas reduzidas de concepção e qualidade inferior de produtos reprodutivos (Lara; Rostagno, 2013).

### 2.6.1. Suínos

Os suínos são extremamente sensíveis ao estresse térmico devido à sua alta taxa metabólica e à ausência de glândulas sudoríparas eficientes, dependendo principalmente da vasodilatação cutânea e do aumento da frequência respiratória para dissipar calor (Renaudeau *et al.*, 2012; Pearce *et al.*, 2013).

Durante condições de calor intenso, esses mecanismos podem ser sobrecarregados, destacando a necessidade de práticas de manejo que garantam sombra adequada e ventilação eficiente para minimizar os efeitos adversos do estresse térmico em suínos (Pearce *et al.*, 2020).

Estratégias comportamentais, como buscar sombra e áreas frescas, também são adotadas para evitar o calor excessivo. A falta de medidas adequadas de manejo pode resultar em graves consequências, como redução na ingestão de alimentos, aumento do estresse fisiológico com elevação dos níveis de cortisol, impacto negativo na reprodução com potenciais taxas reduzidas de concepção e maior incidência de abortos, além de aumentar a vulnerabilidade a doenças, e potencialmente levar a um aumento na mortalidade (Pearce *et al.*, 2015; Baumgard; Rhoads, 2013).

### 2.6.2. Aves

Aves de postura e frangos de corte são particularmente sensíveis ao estresse térmico devido à sua alta taxa metabólica e à limitada eficiência das glândulas sudoríparas. Essas aves dependem principalmente da dissipação de calor por meio da respiração e da vasodilatação cutânea. Durante períodos de calor intenso, esses mecanismos naturais podem ser sobrecarregados, ressaltando a importância crítica de práticas de manejo que proporcionem sombra adequada, ventilação eficiente e acesso contínuo à água fresca.

Estudos indicam que o estresse térmico pode resultar em redução na produção de ovos em aves de postura e em menor ganho de peso em frangos de corte, além de aumentar a incidência de problemas de saúde e reduzir a qualidade dos produtos reprodutivos. Portanto, medidas preventivas são essenciais para mitigar os efeitos adversos do estresse térmico e garantir o bem-estar e a produtividade dessas aves (Renaudeau *et al.*, 2012; Lara; Rostagno, 2013; St-Pierre *et al.*, 2003).

### 2.6.3. Bovinos

A adaptabilidade fisiológica dos animais às variações climáticas é crucial para sua sobrevivência e desempenho em diferentes ambientes. Os bovinos, por exemplo, apresentam mecanismos adaptativos significativos para lidar com o calor excessivo. A vasodilatação cutânea e a transpiração são dois mecanismos-chave que ajudam na dissipação do calor corporal durante condições climáticas quentes (Gebremedhin; Hillman, 2018).

Estudos têm demonstrado que raças bovinas adaptadas a climas quentes possuem características físicas que contribuem para uma maior tolerância ao calor. Essas características incluem diferenças na morfologia da pele, como uma maior espessura epitelial e maior densidade de glândulas sudoríparas, que facilitam uma eficiente troca térmica com o ambiente (Gebremedhin; Hillman, 2018). Essas adaptações permitem que os bovinos mantenham uma temperatura corporal estável mesmo sob estresse térmico severo, minimizando os efeitos adversos como hipertermia e redução no desempenho produtivo.

A compreensão desses mecanismos fisiológicos e das adaptações genéticas nas raças bovinas contribui não apenas para o manejo adequado desses animais em sistemas de produção, mas também para o desenvolvimento de estratégias de seleção genética que promovam a resistência ao estresse térmico. Isso é essencial em um contexto global no qual as mudanças climáticas estão cada vez mais impactando a pecuária e a produção animal.

### 2.6.4. Animais de estimação

Ambos os animais dependem da dissipação de calor por meio da vasodilatação periférica, permitindo um aumento no fluxo sanguíneo para a pele para facilitar a troca de calor com o ambiente circundante. No entanto, a transpiração pelas almofadas das patas, em cães, e da língua, em gatos, contribui significativamente para a termorregulação (King; Kass, 2017).

Estudos indicam que certas raças de cães, como o Husky Siberiano, possuem adaptações genéticas que favorecem o manejo do calor, como pelagem dupla, que atua como isolante térmico, e facilita a regulação da temperatura corporal em climas variados (King; Kass, 2017). Da mesma forma, gatos têm a habilidade de buscar locais frescos e sombreados para minimizar o estresse térmico em condições quentes.

Compreender esses mecanismos fisiológicos em animais de estimação não só auxilia os proprietários na adoção de práticas de manejo adequadas, como garantir sombra e acesso a água fresca, mas também promove o bem-estar geral desses animais em ambientes domésticos sujeitos a variações climáticas.

Cães e gatos domésticos regulam sua temperatura principalmente por meio da transpiração das almofadas das patas e da respiração. Raças com pelagem densa são mais suscetíveis ao calor e podem necessitar de cuidados extras, como sombra e acesso a água fresca durante períodos quentes (Bruchim; Klement; Segev, 2017).

## 2.7. Respostas fisiológicas ao frio

A regulação eficiente da produção de calor em animais contribui para sua adaptação a ambientes frios, tanto em regiões com invernos rigorosos quanto em condições climáticas adversas fora do país. Animais expostos a baixas temperaturas dependem de mecanismos fisiológicos para manter a temperatura corporal adequada e garantir o funcionamento normal dos processos biológicos.

Em áreas frias do país, como regiões montanhosas ou climas temperados, animais de produção como bovinos e ovinos enfrentam desafios significativos. A produção de calor endógeno, derivada do metabolismo basal e da atividade muscular, é essencial para manter a homeotermia, especialmente durante os meses de inverno. Mecanismos como a termogênese induzida pela alimentação, em que a digestão de alimentos gera calor, são cruciais para suplementar a termorregulação durante períodos de frio intenso (Blaxter, 1989).

A ausência de intervenções adequadas, como abrigos aquecidos, alimentação suplementar e manejo adaptativo, pode resultar em consequências severas para os animais. Isso inclui redução da ingestão de alimentos, diminuição na produção de leite, perda de peso e maior suscetibilidade a doenças (Mader *et al.*, 2006).

A falta de intervenções para mitigar o impacto do frio pode comprometer o bem-estar dos animais além da produtividade e da rentabilidade das operações pecuárias. Portanto, estratégias de manejo que promovam a produção eficiente de calor, aliadas a medidas de proteção contra condições climáticas adversas, são essenciais para garantir a saúde e o desempenho dos animais em ambientes frios.

### 2.7.1. Suínos

Em climas frios, os suínos dependem da capacidade de gerar calor endógeno por meio do metabolismo basal e da atividade física para manter a temperatura corporal adequada. Durante o inverno, a termogênese induzida pela alimentação também se torna crucial, pois o processo de digestão dos alimentos contribui significativamente para a produção de calor adicional (Patience, 2012).

Para garantir o conforto dos suínos em climas frios, intervenções no manejo são fundamentais. Isso inclui o fornecimento de abrigos adequados, como galpões bem isolados e com camas secas, que ajudam a proteger os animais contra as baixas temperaturas. Adicionalmente, estratégias de nutrição são essenciais ao longo de todas as fases de vida dos suínos. Dietas balanceadas e ajustadas sazonalmente, com teores adequados de energia e nutrientes, são projetadas para atender às demandas metabólicas dos animais durante o inverno (Patience, 2012).

É fundamental monitorar e controlar a temperatura ambiente nas instalações de suínos para garantir condições ideais durante todas as fases de crescimento. Isso pode ser feito utilizando termômetros precisos para medir a temperatura interna dos alojamentos e ajustando o ambiente conforme necessário para evitar estresse térmico. As faixas ideais de temperatura para suínos variam dependendo da fase de desenvolvimento, mas geralmente estão entre 18°C e 22°C para suínos em crescimento e em reprodução (Marchant-Forde *et al.*, 2014).

### 2.7.2. Aves

Para criar frangos de corte em ambientes frios, é essencial seguir cuidados específicos desde os pintinhos até a fase adulta. Nos primeiros dias de vida (zero a duas semanas), os pintinhos necessitam de temperaturas elevadas, entre 32-35°C, fornecidas por lâmpadas de calor ou aquecedores. Gradualmente, a temperatura deve ser reduzida em cerca de 2-3°C por semana à medida que os pintinhos crescem e desenvolvem penas.

Das 2 às 4 semanas, as temperaturas ideais diminuem para 29-31°C, na segunda semana, 26-28°C, na terceira semana, e 23-25°C, na quarta semana. É essencial proporcionar áreas quentes e áreas mais frescas para que os pintinhos possam regular sua temperatura corporal conforme necessário.

A partir das quatro semanas, os frangos jovens tornam-se mais resistentes ao frio, mas ainda precisam de proteção. As temperaturas podem ser ajustadas para 21-23°C na quarta semana, e gradualmente reduzidas para a temperatura ambiente local (geralmente em torno de 20°C) nas semanas seguintes.

Quando os frangos atingem a fase adulta (seis semanas em diante), a temperatura ideal no galpão deve ser mantida entre 18-22°C. É fundamental garantir boa ventilação para evitar correntes de ar diretas sobre as aves. Uma cama seca e limpa no chão do galpão ajuda a isolar as aves do frio do solo.

Além do manejo térmico, é essencial monitorar regularmente a alimentação, a hidratação e as condições sanitárias das aves para promover um crescimento saudável e prevenir doenças. Com essas práticas adequadas, é possível criar frangos de corte com sucesso mesmo em climas frios, garantindo seu bem-estar e seu desenvolvimento ao longo das diferentes fases de crescimento.

### 2.7.3. Bovinos

A criação de bovinos em ambientes frios requer atenção especial desde os estágios iniciais até a fase adulta para garantir o bem-estar dos animais. Para bezerros recém-nascidos até os três meses de idade, é essencial proporcionar um ambiente protegido, como um galpão ou estábulo, que os resguarde do vento e da umidade. A temperatura ambiente ideal para recém-nascidos deve ser mantida em torno de 20-25°C, utilizando aquecedores infravermelhos ou lâmpadas de calor nos primeiros dias para ajudar na regulação térmica. Conforme os bezerros crescem, a temperatura pode ser gradualmente reduzida para cerca de 15°C, proporcionando um ambiente confortável sem superaquecimento.

Para novilhos, que abrangem a faixa etária de três meses até aproximadamente um ano, é fundamental manter abrigos adequados que ofereçam proteção contra o frio e o vento. Galpões bem ventilados, mas protegidos, são recomendados, com temperaturas internas ideais entre 10-15°C durante o inverno. Durante o verão, é preciso garantir que o ambiente não se torne excessivamente quente, permitindo um fluxo de ar adequado para evitar o estresse térmico nos animais.

Para vacas adultas, com um ano de idade ou mais, o manejo foca em proporcionar acesso a áreas abrigadas, como bosques ou áreas com quebra-ventos naturais, especialmente durante os meses mais frios. É essencial garantir que as vacas tenham acesso contínuo a uma nutrição adequada, aumentando a ingestão de alimentos durante o inverno para suprir a demanda energética necessária para manter a temperatura corporal. As fontes de água também devem ser monitoradas regularmente para evitar o congelamento, garantindo que as vacas permaneçam hidratadas.

### 2.7.4. Animais de estimação

A termorregulação em animais de estimação envolve uma complexa interação de mecanismos adaptativos para manter a temperatura corporal estável em face de variações ambientais, especialmente o frio. Muitos animais respondem ao frio aumentando a produção de calor por meio da atividade muscular e do aumento do metabolismo basal. Adicionalmente, a pelagem atua como isolante térmico, retendo o calor corporal.

Adaptações na estrutura da pelagem podem variar entre raças e espécies, influenciando sua capacidade de resistir ao frio (Campbell *et al.*, 2017). A vasoconstrição periférica é outra resposta fisiológica comum, em que os vasos sanguíneos próximos à superfície da pele se contraem para reduzir a perda de calor. Comportamentos como buscar abrigos e se encolher também são observados, ajudando os animais a conservarem calor e a minimizarem a exposição direta ao frio (Gordon, 2012). Essas adaptações são essenciais para garantir o bem-estar dos animais de estimação durante os períodos de clima frio, destacando a importância de compreender esses mecanismos para orientar os cuidados adequados ao longo do ano.

### 2.8. Relevância do conforto térmico para animais de estimação

Animais de estimação são suscetíveis a condições climáticas adversas, especialmente quando expostos a ambientes externos. Garantir conforto térmico adequado para eles não é apenas um luxo, mas uma necessidade essencial para seu bem-estar. Os tutores desempenham um papel crucial ao providenciar abrigos que ofereçam proteção contra o frio, calor intenso e umidade, além de assegurar que água fresca esteja sempre disponível. Evitar exposição prolongada a temperaturas extremas é fundamental para prevenir problemas de saúde relacionados ao calor ou ao frio (Brown; Garcia, 2023).

Reconhecer precocemente sinais de estresse térmico, como ofegação excessiva, letargia, ou tremores, é vital para permitir intervenções rápidas. Ações imediatas podem evitar complicações sérias e garantir o conforto contínuo do animal. Ao adotar práticas de cuidado que priorizem o conforto térmico, os proprietários não apenas promovem o bem-estar de seus animais, mas também fortalecem o vínculo de confiança e segurança dos animais (Brown; Garcia, 2023).

### 2.9. Respostas indicativas de estresse nos animais

#### 2.9.1. Temperatura corporal

O estresse pode causar alterações na temperatura corporal dos animais, tanto em relação ao aumento quanto à diminuição da temperatura retal e superficial. Estudos indicam que o estresse agudo pode levar a um aumento na temperatura corporal

CAPÍTULO 2: FISIOLOGIA ANIMAL E RESPOSTAS AO AMBIENTE CLIMÁTICO

devido à ativação do sistema nervoso simpático e à liberação de hormônios, como a adrenalina (Koolhaas *et al.*, 2013). No entanto, em situações de estresse prolongado ou extremo, pode haver uma diminuição na temperatura corporal, possivelmente devido a alterações no metabolismo e na capacidade de termorregulação (Moberg; Mench, 2000).

### 2.9.2. Ofegação

A ofegação é uma resposta comum ao estresse, especialmente em animais expostos a situações de estresse físico ou psicológico. A respiração rápida e superficial pode ser um reflexo do aumento da demanda de oxigênio ou uma tentativa de dissipar o calor gerado pelo estresse (Mason, 2010). Estudos demonstram que a ofegação é um indicador sensível de estresse, particularmente em animais como cães e equinos, nos quais pode ser facilmente monitorada (Cook *et al.*, 2016).

### 2.9.3. Piloereção

A piloereção, ou eretização dos pelos, é uma resposta fisiológica que ocorre quando os músculos que envolvem os folículos pilosos se contraem. Essa resposta é frequentemente observada em animais sob estresse, sendo uma herança de suas respostas de luta ou fuga (Seyle, 1956). A piloereção pode aumentar a aparência de tamanho do animal e tem uma função termorreguladora, além de ser um sinal de alerta para predadores ou outros animais (Hood *et al.*, 2014).

### 2.9.4. Frequência respiratória e cardíaca

O estresse agudo geralmente leva a um aumento tanto na frequência respiratória quanto na frequência cardíaca. A ativação do sistema nervoso autônomo, em particular a parte simpática, causa um aumento na liberação de catecolaminas, resultando em uma aceleração dos batimentos cardíacos e da respiração (Kovacs *et al.*, 2018). A monitoração dessas frequências é uma ferramenta importante para avaliar o nível de estresse e a resposta fisiológica do animal em tempo real (Hulbert; Else, 2004).

### 2.9.5. Alteração de comportamento

As mudanças comportamentais são frequentemente os primeiros sinais de estresse em animais. Esses comportamentos podem incluir agitação, agressividade, retraimento, vocalizações anormais e alterações no padrão alimentar (Duncan; Petherick, 1991). A observação cuidadosa do comportamento dos animais pode fornecer *insights* valiosos sobre o nível e a natureza do estresse que estão enfrentando (Mason *et al.*, 2007).

### 2.9.6. Respostas hormonais ao estresse

As respostas hormonais são fundamentais para a compreensão do estresse em animais, pois regulam muitos dos processos fisiológicos associados a essa condição. Os principais hormônios envolvidos incluem:

> • **Cortisol:** o cortisol é o principal hormônio associado ao estresse em muitos animais. Sua liberação aumenta em resposta ao estresse agudo e crônico e tem efeitos variados, como aumento da glicose no sangue e modulação do sistema imunológico. É um marcador útil para monitorar o nível de estresse, e estudos mostram que seus níveis podem refletir tanto a intensidade quanto a duração do estresse (Sapolsky *et al.*, 2000; Romero, 2004).
> • **Adrenalina e noradrenalina:** esses hormônios, produzidos pelas glândulas adrenais, são liberados durante a resposta de luta ou fuga. Eles causam um aumento na frequência cardíaca, na pressão arterial e na liberação de glicose para fornecer energia rápida (Kovacs *et al.*, 2018). A adrenalina e a noradrenalina são importantes

indicadores de estresse agudo e são frequentemente monitorados em pesquisas sobre estresse.

- **Prolactina:** a prolactina pode aumentar em resposta a estressores crônicos e está envolvida em diversas funções, incluindo a regulação do comportamento reprodutivo e o metabolismo energético (García; Schanberg, 2003). Alterações nos níveis de prolactina podem fornecer informações adicionais sobre o impacto do estresse crônico nos animais.
- **Hormônios gonadais (estrogênio e testosterona):** o estresse pode afetar os níveis de hormônios gonadais, influenciando a reprodução e o comportamento sexual dos animais. Estudos mostram que o estresse crônico pode levar a alterações nos níveis de estrogênio e testosterona, impactando a saúde reprodutiva e o comportamento social (Herman *et al.*, 2003).
- **Hormônio adrenocorticotrófico (ACTH):** o ACTH estimula a liberação de cortisol pelas glândulas adrenais. A monitorização dos níveis de ACTH pode ser útil para avaliar a função da glândula adrenal e a resposta do eixo hipotálamo-hipófise-adrenal ao estresse (Smith *et al.*, 2005).

### 2.10. Estratégias de mitigação de calor e frio intensos

Durante períodos de calor intenso, a implementação de estratégias eficazes de resfriamento é crucial para garantir o bem-estar dos animais. Entre essas estratégias, os sistemas de resfriamento evaporativo, como nebulizadores e aspersores, são amplamente utilizados. Esses sistemas funcionam ao aumentar a umidade do ambiente, o que promove a evaporação da água e, consequentemente, reduz a temperatura do ar.

Isso proporciona alívio térmico essencial, especialmente em instalações de criação intensiva e zoológicos (Taylor *et al.*, 2020). Além disso, a garantia de acesso constante a água fresca e a instalação de sombreamento adequado em áreas externas são medidas igualmente importantes. O sombreamento pode ser realizado por meio de estruturas permanentes ou coberturas móveis, que ajudam a reduzir a exposição direta ao sol e, portanto, o aumento da temperatura ambiente (Taylor *et al.*, 2020).

Estudos demonstram que o uso de telas de sombreamento e a distribuição estratégica de ventiladores em ambientes confinados pode reduzir significativamente a temperatura percebida pelos animais, melhorando seu conforto e desempenho. As telas de sombreamento bloqueiam a radiação solar direta, enquanto os ventiladores ajudam a aumentar a circulação do ar, facilitando a dissipação do calor (Smith *et al.*, 2019). Em instalações de produção animal, como galpões e estábulos, a combinação dessas medidas pode ajudar a manter os animais em condições mais confortáveis e minimizar o impacto do estresse térmico sobre a saúde e a produtividade (Smith *et al.*, 2019).

Em contrapartida, condições de frio intenso exigem medidas preventivas para garantir que os animais mantenham sua temperatura corporal dentro de limites seguros. O isolamento térmico adequado nas instalações é fundamental para reter o calor interno e proteger os animais das temperaturas baixas extremas. O uso de materiais isolantes, como lã de vidro ou painéis de isolamento, pode ajudar a manter uma temperatura interna estável e confortável (Martinez; Lopez, 2019). Além disso, fornecer camas ou materiais isolantes, como palha ou serragem, pode ajudar a criar um ambiente mais acolhedor e reduzir a perda de calor corporal dos animais (Martinez; Lopez, 2019).

Identificar e mitigar rapidamente as condições extremas é fundamental para evitar o estresse térmico e suas consequências negativas sobre a saúde dos animais. Monitorar regularmente a temperatura ambiente e o comportamento dos animais permite uma resposta rápida a alterações climáticas adversas. Implementar sistemas de alerta para mudanças drásticas de temperatura e treinar pessoal para reconhecer sinais de estresse térmico pode melhorar significativamente a capacidade de resposta e a eficácia das medidas de mitigação (Johnson *et al.*, 2021). A intervenção precoce é necessária para prevenir problemas de saúde, como desidratação, hipotermia ou doenças relacionadas ao calor, e para garantir o bem-estar geral dos animais.

### 2.11. Monitoramento contínuo e manejo da produção

O monitoramento contínuo das condições ambientais, por meio de sensores eletrônicos e termografia infravermelha, é essencial para detectar rapidamente variações significativas de temperatura e umidade. Isso permite ajustes imediatos no manejo ambiental, como ajustes na ventilação, umidificação ou aquecimento, conforme necessário para manter condições ideais para os animais (Brown; Gracia, 2023).

### 2.11.1. Educação e capacitação de produtores

Além das medidas físicas de manejo ambiental, a educação contínua dos produtores sobre os sinais de estresse térmico e a implementação de planos de contingência são fundamentais. Treinamentos regulares podem capacitar os produtores a reconhecerem e responderem rapidamente a situações de emergência, mitigando assim os impactos negativos sobre a saúde e produtividade dos animais (Johnson *et al.* 2018; Morrow, 2019).

### 2.12. Considerações finais

A capacidade de termorregulação é crucial para a sobrevivência e o desempenho dos animais em diferentes ambientes. Essa capacidade varia de acordo com a espécie e as condições ambientais específicas, mas geralmente envolve uma combinação de mecanismos comportamentais, metabólicos e hormonais.

Os ruminantes, como bovinos e ovinos, destacam-se pela eficiência na digestão de fibras vegetais, o que lhes permite ajustar a dieta conforme a disponibilidade de alimentos em mudanças climáticas sazonais. Adicionalmente, os ruminantes possuem adaptações como a presença de microrganismos ruminais que auxiliam na fermentação da parede celular dos vegetais fibrosos, resultando na obtenção de energia.

Os não ruminantes, como suínos e aves, dependem mais da termorregulação comportamental e da fisiologia respiratória para lidar com variações climáticas. Eles buscam abrigo ou realizam banhos de lama para reduzir o estresse térmico e ajustam seu metabolismo para minimizar a produção interna de calor durante períodos quentes.

Animais de estimação, como cães e gatos, também demonstram adaptações fisiológicas às variações climáticas, variando de acordo com a raça e o ambiente em que estão inseridos. Esses *pets* ajustam seu comportamento e utilizam mecanismos como a transpiração pelas patas para regular a temperatura corporal, garantindo seu bem-estar em diferentes condições climáticas.

Portanto, compreender esses mecanismos fisiológicos permite implementar práticas de manejo adequadas, promovendo o bem-estar animal e a sustentabilidade da produção em um contexto de mudanças climáticas globais. A integração de estratégias genéticas, nutricionais e de manejo ambiental é essencial para mitigar os impactos adversos das condições climáticas extremas e garantir a eficiência produtiva em sistemas de produção animal.

# CAPÍTULO 3: IMPACTOS CLIMÁTICOS NA NUTRIÇÃO ANIMAL EM UMA ABORDAGEM BIOCLIMATOLÓGICA

## 3.1. Introdução à nutrição e os impactos da bioclimatologia animal

A nutrição animal é um campo fundamental para a saúde e o desempenho dos animais, com implicações significativas para a Bioclimatologia, a ciência que estuda as interações entre clima e ecossistemas biológicos. O papel dos nutrientes na nutrição animal vai além do simples fornecimento de energia e pode impactar diretamente a forma como os animais lidam com variações climáticas, como temperatura e umidade. Essa relação complexa e multifacetada entre alimentação e condições climáticas é essencial para otimizar a saúde e o bem-estar dos animais, bem como para garantir a eficiência produtiva em diferentes ambientes.

Os principais nutrientes necessários para os animais incluem carboidratos, proteínas, lipídios, vitaminas e minerais. Carboidratos são a principal fonte de energia, enquanto proteínas são essenciais para o crescimento e a reparação dos tecidos. Os lipídios fornecem uma forma concentrada de energia e são vitais para a absorção de certas vitaminas. Vitaminas e minerais desempenham papéis cruciais em vários processos metabólicos e fisiológicos. O equilíbrio adequado desses nutrientes é essencial para que os animais possam se adaptar e manter a homeostase em diferentes condições ambientais (NRC, 2016).

Em condições de calor extremo, por exemplo, a digestão dos alimentos pode ser afetada negativamente. O aumento da temperatura corporal pode levar a uma redução do apetite e, consequentemente, da ingestão de alimentos. A composição da dieta deve ser ajustada para garantir que os animais recebam nutrientes suficientes mesmo com a redução da ingestão. Em ambientes quentes, a inclusão de alimentos com maior densidade energética e a adição de suplementos vitamínicos e minerais podem ser necessárias para compensar as perdas e garantir que os animais mantenham seu desempenho (Gaughan *et al.*, 2008).

Já em climas frios, os animais têm uma demanda energética mais alta para manter a temperatura corporal. A inclusão de fontes de energia mais concentradas, como óleos e gorduras, pode ajudar a atender a essas necessidades aumentadas. Além disso, a adequação da ração em termos de proteínas e minerais deve ser revisada para garantir que os animais mantenham a saúde e a eficiência metabólica (Collier *et al.*, 2008).

A umidade também contribui de maneira significativa na nutrição animal. Em condições de alta umidade, a digestibilidade dos alimentos pode ser reduzida devido à deterioração e à fermentação mais rápidas. Isso pode levar a problemas como a diminuição da ingestão de alimentos e a necessidade de ajustes na dieta para compensar a menor eficiência na absorção de nutrientes. A adição de aditivos alimentares que ajudem a manter a qualidade dos alimentos e a inclusão de ingredientes que favoreçam a digestibilidade pode ser uma estratégia eficaz (Kumar *et al.*, 2012).

Neste capítulo, exploraremos os aspectos cruciais da nutrição animal em relação às variações climáticas, incluindo como os requisitos nutricionais dos animais mudam com o clima e como ajustar a dieta para atender a essas necessidades. Também abordaremos estratégias nutricionais para aumentar a resistência dos animais aos estresses climáticos, bem como o papel dos alimentos funcionais, dos suplementos e dos aditivos alimentares na adaptação a diferentes condições climáticas. Além disso, examinaremos o impacto das mudanças climáticas na disponibilidade e qualidade dos alimentos para animais, e discutiremos abordagens para mitigar esses desafios. Esses tópicos fornecerão uma compreensão abrangente de como otimizar a nutrição animal para enfrentar e adaptar-se às mudanças climáticas.

## 3.2. Requisitos nutricionais variáveis com o clima

Antes de abordar as variações nutricionais necessárias conforme as condições climáticas, é importante distinguir entre nutrição e alimentação, conceitos frequentemente usados de forma intercambiável, mas que possuem significados distintos. Alimentação refere-se ao ato de consumir alimentos, uma prática fundamental para a obtenção de energia e nutrientes. É o processo diário que envolve a escolha dos alimentos e a forma como são preparados e ingeridos (Smith *et al.*, 2020). No entanto, nutrição é o estudo de como os alimentos e os nutrientes impactam o organismo. Envolve a análise de como os nutrientes são utilizados pelo corpo para promover a saúde, prevenir doenças e manter funções corporais adequadas (Jones; Brown, 2021). A nutrição vai além do simples consumo de alimentos, englobando a compreensão das necessidades específicas de cada organismo e a adequação da dieta para atender a essas necessidades.

A importância de horários regulares para a alimentação é significativa, pois influencia a digestão, o metabolismo e a absorção de nutrientes. Para diferentes categorias de seres vivos, como humanos e animais, a frequência e a sincronização das refeições podem afetar o desempenho físico, a saúde geral e a eficiência metabólica. Por exemplo, atletas podem se beneficiar de refeições distribuídas ao longo do dia para otimizar a recuperação e o desempenho (Green *et al.*, 2022), enquanto para animais de produção a consistência nos horários de alimentação pode melhorar a eficiência alimentar e a produção (White *et al.*, 2023). Estabelecer horários regulares ajuda a manter um metabolismo equilibrado, evita picos de fome e promove uma absorção mais eficiente dos nutrientes (Harris *et al.*, 2023).

Durante os períodos de calor intenso, as necessidades nutricionais tendem a mudar para ajudar a manter o equilíbrio térmico e prevenir a desidratação. Em climas quentes, a ingestão de água torna-se fundamental para evitar a desidratação, e a dieta deve ser ajustada para aumentar a ingestão de líquidos e eletrólitos, como sódio e potássio, que são perdidos com o suor (Smith *et al.*, 2021).

O aumento da ingestão de proteínas pode ser benéfico, pois elas ajudam na manutenção da massa muscular e no suporte ao sistema imunológico, que pode estar mais comprometido em temperaturas extremas (Johnson; Patel, 2022). As gorduras podem ser reduzidas um pouco, pois, em excesso, elas podem aumentar a produção de calor interno. No entanto, uma quantidade adequada de lipídios ainda é necessária para fornecer energia e apoiar funções celulares (Williams, 2023). Aminoácidos essenciais, como a leucina e a lisina, são importantes para a recuperação muscular e o suporte ao metabolismo.

Durante o calor, é crucial garantir uma quantidade adequada desses nutrientes para evitar a perda de massa muscular (Brown *et al.*, 2024). Para evitar o aumento da temperatura interna do corpo e promover uma digestão mais eficiente, rações com textura peletizada ou líquida podem ser preferíveis. A ração líquida pode ajudar na hidratação adicional, enquanto a peletizada pode ser mais prática para controle de porções e digestão (Davis; Lee, 2021).

Em contraste, durante o frio, o organismo precisa gerar mais calor para manter a temperatura corporal. As necessidades nutricionais ajustam-se para fornecer energia adicional e manter a termorregulação (Taylor, 2022). Aumentar a ingestão de proteínas é benéfico no frio, pois elas ajudam na construção e manutenção de músculos que produzem calor. Além disso, as proteínas são essenciais para a reparação de tecidos e para o suporte ao sistema imunológico (White *et al.*, 2023).

Em climas frios, a gordura atua como fonte de energia. Aumentar a ingestão de lipídios pode ajudar a fornecer a energia extra necessária para manter a temperatura corporal e melhorar a resistência ao frio (Clark *et al.*, 2022). Aminoácidos, como a metionina e a treonina são importantes para a produção de calor e a eficiência metabólica. Uma ingestão adequada desses nutrientes ajuda no suporte ao metabolismo durante períodos de baixa temperatura (Miller; Davis, 2024). A ração em pó ou peletizada é recomendada durante o frio.

A ração em pó pode ser mais facilmente misturada com líquidos quentes para ajudar na digestão e na absorção de calor. As rações peletizadas também são úteis para controlar a ingestão de calorias e fornecer uma fonte constante de energia (Nguyen; Robinson, 2021).

### 3.2.1. Alimentos funcionais, suplementação e aditivos na adaptação climática

Nos últimos anos, tem havido um crescente interesse em pesquisa sobre como os alimentos funcionais, a suplementação e os aditivos alimentares podem influenciar a adaptação do corpo humano e dos animais às mudanças climáticas extremas. Esse campo multidisciplinar combina conhecimentos da nutrição, da fisiologia e da climatologia para explorar como certos alimentos e suplementos podem melhorar a resistência e o desempenho em diferentes ambientes climáticos.

### 3.2.2. Alimentos funcionais e suplementação na adaptação ao calor

Em climas quentes, os desafios incluem a regulação térmica do corpo e a prevenção de danos relacionados ao calor. Estudos recentes têm destacado o papel dos alimentos funcionais e dos suplementos como potenciais estratégias para melhorar a termorregulação e mitigar o estresse térmico. Por exemplo, o consumo de bebidas isotônicas contendo eletrólitos pode ajudar a manter o equilíbrio hidroeletrolítico durante exercícios prolongados em temperaturas elevadas (Shirreffs, 2020). Além disso, compostos antioxidantes encontrados em frutas e vegetais têm sido associados à redução do estresse oxidativo induzido pelo calor (Peeling *et al.*, 2021).

### 3.2.3. Alimentos funcionais e suplementação na adaptação ao frio

Em ambientes frios, a adaptação metabólica e a manutenção da função imunológica são essenciais. Estudos mostram que o consumo de ácidos graxos ômega-3, encontrados em peixes gordurosos e suplementos específicos, pode ajudar na adaptação ao frio, promovendo a termogênese e reduzindo a inflamação (Bjørndal et al., 2022). Além disso, probióticos e prebióticos têm demonstrado potencial em fortalecer o sistema imunológico e melhorar a absorção de nutrientes essenciais em condições de frio extremo (Gleeson et al., 2019).

### 3.2.4. Importância de probióticos e prebióticos

Probióticos são microrganismos vivos que, quando administrados em quantidades adequadas, conferem benefícios à saúde do hospedeiro. Em animais, especialmente em suínos e aves, probióticos têm sido estudados por sua capacidade de melhorar a saúde intestinal, aumentar a eficiência alimentar e reduzir o estresse causado por mudanças ambientais (Pelicano et al., 2005).

Os prebióticos são compostos não digeríveis que estimulam seletivamente o crescimento e/ou a atividade de bactérias benéficas no trato gastrointestinal. A inulina, por exemplo, tem sido utilizada como prebiótico em dietas para suínos, promovendo a saúde intestinal e melhorando a absorção de nutrientes, o que é crucial em condições de estresse térmico (Liu et al., 2022). Ambos contribuem para melhorar a eficiência alimentar e fortalecer o sistema imunológico dos animais, embora exijam cuidados no manejo e no armazenamento para garantir a viabilidade dos microrganismos, além de apresentarem variabilidade na resposta entre indivíduos.

### 3.3. Aditivos alimentares em nutrição animal: mecanismos e efeitos

Os aditivos alimentares são substâncias adicionadas intencionalmente aos alimentos para melhorar suas características físicas, sensoriais, nutritivas ou tecnológicas. Na nutrição animal, os aditivos desempenham papéis variados, desde melhorar o desempenho digestivo até aumentar a resistência a doenças.

Os antioxidantes, como a vitamina E em dietas para suínos, protegem contra a oxidação de nutrientes e tecidos, melhorando a qualidade da carne (Ahsan *et al.*, 2020). Apesar de seus benefícios na qualidade dos produtos animais, o uso excessivo pode resultar em efeitos adversos e requer cuidado na formulação das dietas. Alternativas mais naturais, como extratos de plantas, estão sendo exploradas. Os antioxidantes são frequentemente adicionados às dietas de animais para melhorar a estabilidade dos alimentos e proteger contra o estresse oxidativo nos tecidos. Por exemplo, estudos recentes têm explorado os efeitos dos antioxidantes na saúde e na qualidade dos produtos animais (Ahsan *et al.*, 2020).

Os antimicrobianos, como os ionóforos em aves e bovinos, reduzem o crescimento de patógenos no trato digestivo, melhorando a saúde intestinal e a eficiência alimentar (Dibner; Richards, 2005). No entanto, há preocupações com resistência bacteriana e resíduos nos produtos animais, impulsionando a pesquisa em ácidos orgânicos e outros substitutos. A suplementação com vitamina E em dietas para suínos é amplamente estudada por seus efeitos antioxidantes, que melhoram a qualidade da carne e reduzem o estresse oxidativo (Ahsan *et al.*, 2020).

Enzimas como as fitases melhoram a digestibilidade de nutrientes, como o fósforo em aves e suínos, reduzindo a dependência de ingredientes caros, embora sejam sensíveis ao pH e à temperatura. As enzimas, como as fitases, são adicionadas às dietas para aves e suínos para melhorar a digestão de nutrientes específicos, como o fósforo. Estudos recentes têm abordado a eficácia e os benefícios das enzimas na dieta animal (Cowieson; Bedford, 2009). Atualmente, há esforços para desenvolver novas enzimas mais estáveis e eficientes para diferentes condições ambientais.

### 3.4. Impacto das mudanças climáticas na disponibilidade e na qualidade dos alimentos para animais

As mudanças climáticas estão impactando significativamente a agricultura global, afetando tanto a produção de alimentos para humanos quanto para animais (IPCC, 2021). A variabilidade climática, incluindo mudanças nos padrões de temperatura e precipitação, bem como eventos extremos mais frequentes, está tornando a produção agrícola cada vez mais imprevisível e vulnerável (Wheeler; von Braun, 2013). Essas mudanças têm repercussões diretas na disponibilidade e na qualidade dos alimentos destinados aos animais, essenciais para a produção pecuária e a aquicultura (Thornton *et al.*, 2018).

Um dos principais desafios é a crescente frequência e intensidade de secas prolongadas e inundações repentinas, que comprometem a produção de culturas alimentares e forragens necessárias na dieta animal (Porter *et al.*, 2014). A redução na disponibilidade de alimentos vegetais devido a esses eventos climáticos extremos impacta diretamente a nutrição e o bem-estar dos animais (Lobell *et al.*, 2011). Além disso, as mudanças climáticas também estão alterando a composição nutricional dos alimentos, com potenciais efeitos adversos na saúde e na produtividade dos animais (Myers *et al.*, 2014).

Outro aspecto crítico é o aumento na disseminação de doenças e pragas, facilitado pelas mudanças climáticas (Rosenzweig *et al.*, 2001). A elevação das temperaturas e as alterações nos padrões de precipitação criam condições mais favoráveis para a proliferação de patógenos que afetam tanto as plantas quanto os animais, aumentando os desafios sanitários na produção animal (Porter *et al.*, 2014). Isso pode resultar na necessidade de medidas adicionais de controle sanitário e no uso mais intensivo de antimicrobianos, com potenciais impactos na resistência antimicrobiana (FAO, 2020).

Para mitigar os impactos das mudanças climáticas na disponibilidade e qualidade dos alimentos para animais, são necessárias abordagens integradas que promovam práticas agrícolas sustentáveis e adaptações climáticas (Smith *et al.*, 2014). Investimentos em pesquisa e desenvolvimento de culturas resilientes ao clima são essenciais para garantir a segurança alimentar animal no futuro (IPCC, 2021). Além disso, políticas públicas eficazes e cooperação internacional são fundamentais para enfrentar os desafios globais impostos pelas mudanças climáticas na produção de alimentos para animais (Wheeler; von Braun, 2013).

# CAPÍTULO 4: PLANEJAMENTO E CONFORTO NAS INSTALAÇÕES PARA ANIMAIS

### 4.1. Introdução à importância do planejamento aliado à bioclimatologia animal

As indústrias de criação animal dependem da eficácia no controle do estresse térmico, o qual tem um impacto direto no desempenho produtivo e na saúde dos animais. Estratégias como isolamento térmico, ventilação adequada e sistemas de resfriamento têm sido fundamentais para mitigar os efeitos adversos desse estresse (Smith *et al.*, 2018).

A incorporação dos princípios da Bioclimatologia no manejo e planejamento de instalações não apenas promove o sucesso econômico, mas também assegura o bem-estar dos animais. Essa abordagem fornece uma sólida base científica para compreender as interações entre os animais e o ambiente, ao mesmo tempo que oferece orientações práticas para a criação e o cuidado responsável dos animais de produção e de estimação.

Além disso, a Bioclimatologia é fundamental na adaptação das práticas de produção animal às mudanças climáticas em curso, especialmente diante do aumento da frequência e da intensidade de eventos climáticos extremos, como ondas de calor e secas. A aplicação constante dos princípios bioclimatológicos na concepção e operação de instalações pecuárias pode contribuir significativamente para a resiliência dos sistemas de produção animal frente a esses desafios climáticos emergentes.

Neste capítulo, abordaremos a importância da bioclimatologia na criação animal, enfatizando como o controle eficaz do estresse térmico impacta diretamente o desempenho produtivo e a saúde dos animais. Também discutiremos a aplicação de estratégias como isolamento térmico, ventilação e resfriamento, além de explorar a relevância dos princípios bioclimatológicos no manejo das instalações, promovendo tanto a viabilidade econômica quanto o bem-estar animal.

### 4.2. Estratégias climáticas para o projeto de instalações de animais

O planejamento e o projeto de instalações para animais são etapas indispensáveis na garantia do bem-estar e da saúde desses seres vivos. Ao conceber espaços adequados para abrigá-los, é essencial considerar uma série de fatores, dentre os quais os aspectos climáticos têm uma relevância significativa.

Desde temperaturas extremas até variações sazonais, o clima exerce uma influência significativa sobre o conforto e a saúde dos animais, tornando essencial integrar considerações climáticas em cada fase do processo de planejamento e *design* de instalações. Abaixo descreveremos alguns dos principais parâmetros que influenciam para garantir estratégias adequadas para controle de estresse.

#### 4.2.1. Altura das paredes e orientação dos galpões

Ao projetar instalações para suínos, é essencial considerar detalhes estruturais para garantir o conforto térmico dos animais. A altura das paredes dos galpões é importante para a circulação do ar e a dispersão do calor. Estudos, como o realizado por Xin *et al.* (2010), destacam que paredes mais altas podem permitir uma melhor ventilação, reduzindo a concentração de calor próximo ao nível do piso. Recomenda-se uma altura adequada das paredes, geralmente variando entre 2,5 a 3 metros, proporcionando espaço suficiente para a circulação do ar e o conforto dos animais.

A orientação correta dos galpões em relação ao sol é fundamental. A posição leste-oeste pode facilitar uma melhor utilização da luz solar, fornecendo sombra adequada durante diferentes períodos do dia e reduzindo o risco de superaquecimento (Cole *et al.*, 2013). Essa orientação também pode ajudar na gestão do calor, especialmente em climas mais quentes, contribuindo para o conforto térmico dos suínos.

### 4.2.2. Sistema de ventilação

A implementação de um sistema de ventilação eficiente é essencial para manter a qualidade do ar e proporcionar conforto térmico aos animais em ambientes controlados, minimizando os impactos de variações climáticas. Esse sistema tem como objetivo não só regular a temperatura e a umidade interna, mas também promover a renovação do ar, essencial para a saúde e a produtividade dos animais (Silva; Souza, 2023).

O dimensionamento correto do sistema de ventilação é um fator crítico. Segundo Oliveira e Santos (2022), o cálculo adequado das capacidades dos exaustores e das entradas de ar garante que a taxa de renovação seja suficiente para manter o ar fresco e livre de poluentes, prevenindo o acúmulo de gases nocivos como amônia e dióxido de carbono. Um sistema dimensionado inadequadamente pode comprometer a saúde respiratória dos animais e aumentar o risco de doenças, especialmente em condições de alta densidade populacional (Moura *et al.*, 2022).

O controle preciso da temperatura e da umidade relativa do ar é outro aspecto indispensável em instalações de criação, pois condições inadequadas podem causar estresse térmico, prejudicando o bem-estar e o desempenho produtivo dos animais. Em climas quentes, por exemplo, um sistema de ventilação eficiente é essencial para evitar o superaquecimento. O estudo de Fernandes e Lima (2023) destaca que o uso de sistemas de ventilação acoplados a resfriadores evaporativos pode reduzir a temperatura ambiente interna em até 8°C, aumentando o conforto dos animais.

Além disso, a adaptação do sistema de ventilação às condições climáticas locais é fundamental para garantir eficiência energética e sustentabilidade. Sistemas que ajustam automaticamente o fluxo de ar com base na temperatura e na umidade externa são recomendados para regiões com grandes variações sazonais (Gomes; Almeida, 2023). Essa adaptabilidade contribui para a redução de custos operacionais e para a manutenção de um ambiente interno constante.

A manutenção regular do sistema de ventilação é fundamental para evitar falhas que possam comprometer o conforto térmico e a qualidade do ar. Conforme Cunha *et al.* (2023), a limpeza periódica dos filtros e a verificação dos exaustores e ventiladores previnem a obstrução e asseguram a eficiência do sistema ao longo do tempo, prolongando a vida útil dos equipamentos e evitando gastos com reparos emergenciais.

A instalação de ventiladores estratégicos para promover a exaustão constante desses gases e a circulação de ar renovado é uma medida essencial para manter um ambiente seguro, promovendo a remoção de gases e odores provenientes da decomposição de resíduos orgânicos, como apontado por Barros *et al.* (2022). Gases como a amônia e o sulfeto de hidrogênio, comuns em sistemas intensivos de produção animal, afetam diretamente o sistema respiratório dos animais e dos trabalhadores, podendo ser tóxicos em altas concentrações.

### 4.2.3. Seleção de espécies de árvores adequadas

A inclusão de árvores ao redor das instalações de criação animal é uma prática recomendada para melhorar o conforto térmico dos animais, pois proporciona sombra e ajuda a reduzir o estresse térmico, o que está alinhado com as melhores práticas de bem-estar animal (Oliveira *et al.*, 2021). A seleção de espécies adequadas é fundamental, sendo preferíveis aquelas com características que atendam aos requisitos de biossegurança e saúde animal, evitando a atração de pragas e o risco de contaminação (Silva; Souza, 2023).

Árvores com folhagem densa e ampla são ideais, pois proporcionam uma sombra uniforme e podem atuar como barreiras físicas contra patógenos, contribuindo significativamente para a biossegurança da granja (Moura *et al.*, 2022). Árvores não frutíferas são recomendadas para evitar contaminação e minimizar a atração de pragas, e a escolha de espécies resistentes a pragas e doenças reduz a necessidade de pesticidas, promovendo um ambiente saudável para os animais (Ferreira; Carvalho, 2023). A fácil manutenção e a adaptabilidade ao clima local são igualmente importantes para garantir um sombreamento sustentável e de longo prazo (Cunha *et al.*, 2022).

Exemplos de árvores adequadas incluem o ipê (Tabebuia spp.), conhecido pela folhagem densa e a ausência de frutos, o que contribui para uma sombra eficaz e segura (Martins, 2021); a araucária (Araucaria angustifolia), uma árvore robusta e resistente, ideal para climas frios, oferecendo sombreamento contínuo (Lima; Rocha, 2023c); e a pata-de-vaca (Bauhinia spp.), uma árvore ornamental com baixa exigência de manutenção e folhagem densa (Gomes; Santos, 2022). O cedro-australiano (Toona ciliata) é outra opção devido à sua sombra abundante e à sua resistência a pragas, garantindo um ambiente mais seguro e menos suscetível a infestações (Barros *et al.*, 2023).

Outras árvores apropriadas incluem o manacá-da-serra (Tibouchina mutabilis), que oferece sombra e apelo estético, e a cerejeira (Prunus spp.), que possui variedades ornamentais capazes de proporcionar sombra sem risco de contaminação (Costa *et al.*, 2023).

### 4.2.4. Sombreamento

A implementação de sombreamento, seja natural ou artificial, tem sido reconhecida como uma estratégia eficaz para mitigar o estresse térmico em animais de produção. Estudos recentes, como os de Gonyou *et al.* (2009) e Schmolke *et al.* (2017), destacam que o sombreamento adequado não apenas protege os animais do calor excessivo, mas também contribui significativamente para o bem-estar geral do rebanho. O uso de sombrites e outras formas de sombreamento artificial pode reduzir o estresse térmico em bovinos, promovendo seu conforto e desempenho (DeRamus *et al.*, 2003; Brown-Brandl *et al.*, 2003).

Para garantir o bem-estar dos animais, é importante manter níveis adequados de umidade dentro das instalações. Segundo Chen *et al.* (2013), Marchant-Forde (2009), Yang *et al.* (2018) e Huynh *et al.* (2019), implantar medidas na promoção de condições ideais para o desenvolvimento saudável dos suínos. Estratégias como o uso de sistemas de ventilação e drenagem adequada devem ser implementadas para evitar o acúmulo excessivo de umidade no ambiente, prevenindo assim problemas respiratórios e garantindo o conforto dos animais.

No contexto da avicultura, o sombreamento também é fundamental. A utilização de sombrites e telhados em galpões avícolas pode reduzir o estresse térmico em aves, resultando em melhor bem-estar e desempenho produtivo. Portanto, o sombreamento não apenas proporciona conforto térmico para suínos e bovinos, mas também é uma prática essencial na avicultura para garantir condições ideais de criação (Xin *et al.*, 2011; Feddes *et al.*, 2010; Pacheco *et al.*, 2016).

### 4.2.5. Iluminação natural e artificial para animais de produção

A iluminação adequada, tanto natural quanto artificial, é essencial para o bem-estar e o desempenho de animais de produção em instalações agrícolas. Estudos abrangentes têm demonstrado que a exposição à luz influencia diretamente o comportamento, o ciclo de atividade e até mesmo a produção desses animais (Stookey *et al.*, 2004; Stolba & Wood-Gush, 1989).

A luz natural regula os ritmos biológicos dos animais, ajudando a manter seus relógios internos ajustados. Para aves e suínos, a exposição à luz natural promove comportamento ativo e saudável, além de contribuir para a regulação do ciclo circadiano (Stolba, 1981; Torres Filho *et al.*, 2016). A luz solar é também uma fonte vital de vitamina D, essencial para a saúde óssea e a imunológica (Harms *et al.*, 2014; Vermeer *et al.*, 2018).

Em ambientes com pouca ou nenhuma luz natural, a iluminação artificial é essencial para aprimorar o ambiente e beneficiar o desempenho dos animais, por meio do controle preciso do espectro, da intensidade e da duração da luz artificial (Shim *et al.*, 2012; McGlone *et al.*, 2013). Estudos como os de Schütz *et al.* (2011) e De Paula Vieira *et al.* (2008) destacam como a luz artificial pode influenciar diretamente a ingestão de alimentos, o ciclo de atividade e até mesmo a produção de leite em bovinos.

### 4.3. Gerenciamento de resíduos e controle ambiental

Um gerenciamento eficaz de resíduos é importante para promover a sustentabilidade e o bem-estar animal em instalações de produção, além de atender aos padrões de controle ambiental. Esse processo envolve a coleta, o tratamento e a disposição sustentável de resíduos, incluindo dejetos animais, restos de alimentos e materiais de cama. Sistemas de manejo, como esterqueiras, lagoas de dejetos e biodigestores, são fundamentais para garantir o armazenamento seguro e o tratamento adequado dos resíduos gerados. De acordo com Gomes *et al.* (2023), o dimensionamento desses sistemas deve considerar a quantidade de animais e a produção esperada, evitando assim impactos negativos no meio ambiente.

Os efluentes gerados requerem tratamento especializado para prevenir contaminações do solo e dos recursos hídricos. Tecnologias como biodigestão anaeróbica e lagoas de estabilização são altamente eficazes na remoção de nutrientes e patógenos, conforme destacado por Souza *et al.* (2023), tornando os efluentes seguros para o descarte ou reaproveitamento. Segundo Silva e Mendes (2022), resíduos orgânicos, como esterco e urina, são ricos em nutrientes que podem ser reutilizados como fertilizantes naturais, reduzindo a dependência de insumos químicos e promovendo a sustentabilidade.

O controle ambiental também se estende ao manejo de odores e gases, como a amônia, que podem impactar tanto o bem-estar animal quanto o meio ambiente. Tecnologias de mitigação, como coberturas em esterqueiras e biofiltros, são recomendadas para minimizar esses efeitos, conforme descrito por Carvalho *et al.* (2021). Adicionalmente, todas as práticas de gerenciamento de resíduos devem seguir as regulamentações ambientais locais e estar alinhadas às normas de licenciamento e qualidade ambiental (Almeida, 2020).

Por fim, práticas bioclimatológicas desempenham um papel central no controle ambiental, ajudando a reduzir o consumo de recursos naturais e a melhorar o conforto animal. Sistemas de ventilação eficiente e sombreamento adequado são exemplos de práticas que melhoram o desempenho dos animais e contribuem para a redução das emissões prejudiciais ao ambiente (Costa; Lima, 2023). Além disso, a compostagem e a reciclagem de resíduos orgânicos possibilitam a produção de fertilizantes, diminuindo o impacto ambiental e gerando benefícios econômicos (Santos; Nascimento, 2022).

### 4.4. Aplicações práticas da bioclimatologia na Medicina Veterinária e na Zootecnia: estudos de caso

A seguir, apresentamos uma seleção de estudos de caso que ilustram a aplicação prática dos princípios bioclimatológicos em diversas áreas, como avicultura, suinocultura, bovinocultura e cuidados com *pets*. Esses exemplos demonstram como a implementação de estratégias baseadas em dados climáticos pode resultar em melhorias significativas na saúde, na produtividade e no conforto dos animais.

#### 4.4.1. Avicultura

Um estudo realizado por Silva *et al.* (2018) analisou uma granja de frangos de corte que utilizava sensores inteligentes para monitorar temperatura e umidade em tempo real. O sistema de controle ambiental permitiu ajustes automáticos na ventilação, melhorando o ambiente térmico para as aves. Os resultados mostraram uma redução no estresse térmico e um aumento na taxa de conversão alimentar, com ganhos significativos na produção de carne.

### 4.4.2. Suinocultura

Pesquisa de Santos e Moreira (2021) abordou uma granja que implementou sombreamento, resfriamento evaporativo e áreas de banho para mitigar o estresse térmico em suínos. Durante o verão, a adoção dessas medidas reduziu as taxas de mortalidade e elevou o ganho de peso diário dos animais, demonstrando que o manejo climático direto contribui para a produtividade e o bem-estar dos suínos.

### 4.4.3. Bovinos

Um estudo de Almeida e Pereira (2020) em uma fazenda de gado de corte no Centro-Oeste brasileiro mostrou que a criação de áreas sombreadas e o fornecimento de água fresca, por meio de sistemas de irrigação e bebedouros automáticos, impactou positivamente o bem-estar dos bovinos. As práticas reduziram a incidência de estresse térmico e aumentaram a eficiência na produção de carne, resultando em uma melhoria econômica para o produtor.

### 4.4.4. Animais de estimação

Em um estudo de Rocha e Nunes (2019) sobre bioclimatologia em centros de cuidado para animais de estimação, o uso de materiais isolantes e ventilação eficiente mostrou ser fundamental para manter temperaturas confortáveis. Esse *design* bioclimático levou a uma melhora no bem-estar dos animais, a uma menor ocorrência de problemas respiratórios, e resultou em maior satisfação dos clientes com os serviços oferecidos pelo centro.

### 4.5. Considerações finais

O planejamento e projeto de instalações considerando os aspectos climáticos são fundamentais para criar ambientes que promovam condições ideais, seja para produção eficiente ou para proporcionar qualidade de vida aos *pets*.

Estratégias de controle ambiental, baseadas em conhecimentos bioclimatológicos, são elementos-chave para maximizar o conforto térmico e reduzir o estresse, impactando diretamente na produtividade e saúde dos animais.

Além disso, as aplicações da Bioclimatologia na Medicina Veterinária e na Zootecnia abrem portas para abordagens preventivas e terapêuticas mais eficazes, contribuindo para uma gestão mais sustentável e humanitária da relação entre seres humanos e animais.

# CAPÍTULO 5: SAÚDE ANIMAL E BIOCLIMATOLOGIA

## 5.1. Introdução à influência da bioclimatologia na saúde dos animais

A interseção entre saúde animal e clima tornou-se uma área de crescente interesse na Bioclimatologia, refletindo a preocupação com os impactos das mudanças climáticas sobre o bem-estar e a saúde dos animais. A bioclimatologia animal analisa como fatores climáticos afetam a fisiologia e o comportamento animal, sendo crucial para compreender as implicações das alterações climáticas nesse contexto.

Mudanças climáticas, como aumento da temperatura média global, variabilidade das precipitações e eventos extremos, impactam a saúde animal de forma direta e indireta. O aumento das temperaturas provoca estresse térmico em várias espécies, reduzindo a eficiência alimentar, a fertilidade e aumentando a suscetibilidade a doenças (Rojas-Downing et al., 2017). Além disso, alterações no clima influenciam a distribuição de doenças infecciosas, ampliando o *habitat* de vetores como mosquitos e carrapatos, responsáveis por doenças que afetam tanto animais de criação quanto silvestres. Caminade et al. (2019) demonstram que o aumento das temperaturas expande zonas de vetores, elevando os riscos de surtos de enfermidades como febre do Nilo Ocidental e doença de Lyme.

Outro impacto importante das mudanças climáticas é a modificação dos ecossistemas e das interações entre espécies. Alterações na vegetação e na disponibilidade de recursos alimentares afetam a nutrição e a saúde de herbívoros, enquanto a perda de biodiversidade aumenta a vulnerabilidade a doenças emergentes (Duke; Mooney, 1999). Em regiões tropicais, essas alterações intensificam surtos de doenças parasitárias, enquanto, no Ártico, a redução do gelo marinho ameaça a sobrevivência de espécies como ursos-polares e focas (Zhou *et al.*, 2024).

A adaptação dos animais às mudanças climáticas é um tema central na Bioclimatologia Animal. Algumas espécies desenvolvem estratégias comportamentais ou fisiológicas para enfrentar novas condições ambientais, mas a rapidez das mudanças climáticas e das limitações genéticas pode restringir essa capacidade adaptativa, resultando em consequências adversas para a saúde animal e a conservação das espécies (Sinclair *et al.*, 2016).

Para enfrentar esses desafios, estratégias de mitigação e adaptação são fundamentais. Jones *et al.* (2023) defendem o monitoramento contínuo das condições ambientais e da saúde animal, aliado a práticas de manejo sustentável. Tecnologias emergentes, como sistemas de monitoramento remoto e modelos preditivos, permitem antecipar e gerenciar os impactos climáticos. Thompson *et al.* (2024) destacam a importância da integração de políticas de saúde animal com estratégias climáticas, promovendo a colaboração entre cientistas, governos e comunidades locais.

Neste capítulo, exploraremos como as mudanças climáticas afetam a saúde e o bem-estar animal, abordando o estresse térmico, a proliferação de doenças e as alterações de *habitats* naturais. Discutiremos estratégias de adaptação e mitigação propostas por pesquisadores, além do papel de tecnologias emergentes e políticas integradas para garantir a saúde animal e a sustentabilidade dos ecossistemas.

### 5.2. Doenças associadas a condições climáticas extremas

As condições climáticas extremas, como ondas de calor, tempestades intensas e eventos climáticos extremos, têm uma influência significativa na saúde pública e animal, contribuindo para o surgimento e a disseminação de doenças. Com o aquecimento global e a intensificação de eventos climáticos extremos, o entendimento dos impactos dessas condições na saúde é determinante para desenvolver estratégias de mitigação e adaptação.

### 5.2.1. Ondas de calor

As ondas de calor são eventos caracterizados por temperaturas excepcionalmente altas por períodos prolongados e têm um impacto profundo na saúde humana e na animal. O estresse térmico resultante pode provocar uma série de problemas de saúde, incluindo desidratação, exaustão térmica e até morte. Estudos têm demonstrado que a exposição prolongada a temperaturas elevadas pode agravar doenças cardiovasculares e respiratórias, tanto em humanos quanto em animais (Bouchama *et al.*, 2007; Oppenheimer *et al.*, 2011). Em animais de produção, como bovinos e suínos, o estresse térmico pode reduzir a eficiência alimentar, a produção de leite e a fertilidade, além de aumentar a suscetibilidade a doenças infecciosas (Rojas-Downing *et al.*, 2017).

### 5.2.2. Tempestades intensificadas e inundações

Tempestades intensas e inundações podem causar danos diretos à saúde por meio de ferimentos e mortes, além de promover a disseminação de doenças infecciosas. A destruição de infraestrutura e a contaminação de fontes de água potável durante inundações podem levar a surtos de doenças transmitidas pela água, como cólera e hepatite A (Few *et al.*, 2004). Em ambientes urbanos e rurais, a degradação de condições sanitárias pode facilitar a propagação de doenças vetoriais, como dengue e malária, quando a água acumulada serve como criadouros para vetores de doenças (Neumayer; Plümper, 2007).

### 5.2.3. Eventos climáticos extremos e doenças infecciosas

Eventos climáticos extremos, como ciclones e secas, podem alterar os ecossistemas e a distribuição de doenças infecciosas. Por exemplo, mudanças na temperatura e na precipitação podem expandir o *habitat* de vetores de doenças, como mosquitos e carrapatos, aumentando a incidência de doenças como dengue, Zika e febre amarela (Gage *et al.*, 2008). Além disso, as alterações no clima podem afetar a sazonalidade e a dinâmica de transmissão de doenças infecciosas, complicando o controle e a prevenção de surtos (Lundberg *et al.*, 2016).

A saúde animal também é afetada por condições climáticas extremas. O estresse térmico e a deterioração das condições ambientais podem levar a um aumento na incidência de doenças parasitárias e infecciosas em rebanhos e populações de vida selvagem. A mudança nos padrões climáticos pode alterar a distribuição de parasitas e patógenos, aumentando a exposição de animais a doenças previamente não endêmicas em suas regiões (Rojas-Downing *et al.*, 2017). Além disso, a degradação dos *habitats* e a escassez de alimentos devido a eventos climáticos extremos podem enfraquecer o sistema imunológico dos animais, tornando-os mais vulneráveis a infecções (Mason *et al.*, 2014).

### 5.3. Manejo sanitário e prevenção em diferentes ambientes climáticos

O manejo sanitário e a prevenção de doenças em animais são fortemente influenciados pelos ambientes climáticos em que vivem. Em ambientes de calor intenso, como aqueles encontrados em regiões tropicais e subtropicais, é crucial implementar estratégias eficazes para controlar o estresse térmico. O manejo adequado deve incluir a provisão de sombra, água fresca em abundância e sistemas de ventilação para reduzir a temperatura ambiente (Gonzalez *et al.*, 2022).

Além disso, a adaptação das práticas de manejo, como a redução da densidade populacional e a modificação dos horários de alimentação e manejo para evitar as horas mais quentes do dia, pode ajudar a mitigar os impactos negativos do calor (Berman, 2018). Estudos mostram que essas medidas podem melhorar significativamente a saúde e o desempenho dos animais, reduzindo a incidência de doenças relacionadas ao calor, como a insolação e o estresse térmico (Morrow *et al.*, 2019).

Em contraste, ambientes de frio severo, comuns em regiões temperadas e polares, apresentam desafios distintos para o manejo sanitário. A principal preocupação é evitar a hipotermia e as lesões por frio, como *frostbite*. Para isso, é essencial garantir que os animais tenham acesso a abrigos adequados, que protejam contra ventos e umidade, e que sejam mantidos com alimentação apropriada para suportar a maior demanda energética durante o inverno (Morrison *et al.*, 2021).

A implementação de sistemas de aquecimento em estábulos e cercados, bem como o monitoramento regular das condições de saúde dos animais, também são práticas recomendadas para prevenir complicações associadas ao frio extremo (McMichael *et al.*, 2022). Estudos indicam que essas medidas podem reduzir a incidência de doenças respiratórias e aumentar a eficiência na utilização de alimentos (Easter *et al.*, 2021).

Ambientes intermediários, onde as variações de temperatura são menos extremas, ainda exigem estratégias específicas de manejo. Nesses locais, o foco deve ser a manutenção da saúde em condições de variação de temperatura, prevenindo tanto o estresse térmico por calor quanto o frio excessivo. A criação de microambientes controlados dentro dos estábulos e a gestão eficaz da umidade e da ventilação são essenciais para criar condições ambientais adequadas (St-Pierre *et al.*, 2003). A implementação de medidas preventivas adaptadas às flutuações sazonais e o monitoramento contínuo das condições de saúde dos animais ajudam a minimizar os impactos negativos de variações de temperatura moderadas (Lima *et al.*, 2023).

### 5.3.1. Ambientes climáticos temperados

Em regiões de clima temperado, onde as variações sazonais são marcadas por invernos frios e verões quentes, as estratégias de manejo sanitário devem abordar tanto o estresse térmico quanto as doenças sazonais. Durante o inverno, o manejo deve focar na proteção contra o frio e a umidade excessiva, que podem levar a doenças respiratórias e infecciosas, como pneumonia e bronquite infecciosa. A manutenção de abrigos adequados e a gestão de ventilação são essenciais para minimizar a exposição a patógenos (Zhao *et al.*, 2015).

No verão, o foco deve ser a gestão do estresse térmico, que pode afetar a eficiência alimentar e a saúde geral dos animais. Medidas como o fornecimento de sombra, o acesso a água fresca e sistemas de resfriamento são importantes para reduzir o impacto do calor (Rojas-Downing *et al.*, 2017). Além disso, o manejo sanitário deve incluir a vacinação contra doenças prevalentes, que podem variar sazonalmente, como a febre aftosa em bovinos (Gunn *et al.*, 2021).

### 5.3.2. Ambientes climáticos tropicais

Em climas tropicais, caracterizados por altas temperaturas e alta umidade, a gestão da saúde animal deve se concentrar em lidar com as condições que favorecem a proliferação de parasitas e patógenos. A umidade elevada pode promover o crescimento de fungos e bactérias, que são responsáveis por doenças de pele e respiratórias. O controle de parasitas, como carrapatos e mosquitos, é vital para prevenir doenças transmitidas por vetores, como a febre do Nilo Ocidental e a leishmaniose (Miller *et al.*, 2015).

A implementação de práticas de manejo que minimizem a exposição à umidade, como a melhoria da drenagem e a manutenção de áreas secas para pastoreio, pode ajudar a reduzir a carga de doenças (Wong *et al.*, 2018). Além disso, as vacinas contra doenças tropicais endêmicas, como a febre aftosa e a peste dos pequenos ruminantes, devem ser parte do protocolo de manejo sanitário (Kumar *et al.*, 2020).

### 5.3.3. Ambientes climáticos áridos

Em climas áridos, em que a escassez de água e temperaturas elevadas predominam, o manejo sanitário deve abordar a gestão da água e o estresse térmico. A desidratação é um risco significativo, e garantir o acesso contínuo a água limpa e fresca é essencial para a saúde dos animais (Miller *et al.*, 2014). Além disso, os animais devem ter acesso a sombra e abrigos adequados para se proteger do calor extremo.

O manejo de pastagens e a suplementação de nutrientes são importantes para compensar a escassez de alimentos e garantir a nutrição adequada. O controle de doenças infecciosas e parasitárias também deve ser uma prioridade, pois as condições áridas podem limitar a eficácia das práticas de controle de parasitas (Fahmy *et al.*, 2020). As estratégias incluem a rotação de pastagens e a administração de vermífugos para controlar infecções parasitárias.

### 5.4. Impacto das mudanças climáticas na saúde animal

As mudanças climáticas têm um impacto significativo na saúde animal, influenciando a prevalência de doenças, a eficiência produtiva e o bem-estar dos animais. O aquecimento global, as mudanças nos padrões de precipitação e os eventos climáticos extremos afetam diretamente os sistemas ecológicos e os ambientes onde os animais vivem. A seguir, discutem-se os principais efeitos das mudanças climáticas na saúde animal, abrangendo tanto animais de produção quanto animais de estimação, e as implicações para a gestão e a prevenção de doenças.

### 5.5. Estresse térmico e saúde animal

O aumento das temperaturas médias globais resulta em frequentes ondas de calor que afetam negativamente a saúde animal. O estresse térmico pode comprometer a fisiologia dos animais, levando a problemas como desidratação, exaustão térmica e aumento da suscetibilidade a doenças infecciosas. Em animais de produção, como bovinos e suínos, o estresse térmico reduz a eficiência alimentar, a produção de leite e a fertilidade (Rojas-Downing *et al.*, 2017). Para animais de estimação, o estresse térmico pode causar desconforto, desidratação e, em casos graves, até morte. Medidas como fornecer sombra, água fresca e áreas de resfriamento são essenciais para mitigar esses impactos para ambas as categorias de animais.

### 5.6. Alterações na distribuição de doenças

As mudanças climáticas também alteram a distribuição geográfica e a sazonalidade das doenças infecciosas. O aumento da temperatura e das mudanças nos padrões de precipitação afeta os *habitats* de vetores de doenças, como mosquitos e carrapatos, expandindo suas áreas geográficas e aumentando o risco de transmissão de doenças como dengue, febre do Nilo Ocidental e doença de Lyme (Caminade *et al.*, 2019). Animais de estimação, como cães e gatos, também podem ser afetados por essas mudanças, enfrentando um risco aumentado de infecções parasitárias e doenças transmitidas por vetores. A atualização das vacinas e a administração de antiparasitários são importantes para proteger esses animais.

### 5.6.1. Doenças respiratórias e imunológicas

Condições climáticas extremas, como invernos rigorosos e umidades elevadas, podem contribuir para o desenvolvimento de doenças respiratórias e imunológicas em animais. A exposição a temperaturas baixas e a umidade excessiva podem enfraquecer o sistema imunológico e aumentar a susceptibilidade a infecções respiratórias, como pneumonia e bronquite (Zhao *et al.*, 2015).

Para animais de produção, o manejo adequado do ambiente e a implementação de práticas de controle de umidade são essenciais para prevenir essas condições. Animais de estimação também podem ser afetados, especialmente aqueles que passam muito tempo ao ar livre, tornando importante garantir abrigo adequado e cuidados veterinários para monitorar a saúde respiratória.

### 5.7. Impactos em espécies silvestres, animais de estimação e ecossistemas

As mudanças climáticas têm efeitos profundos nas espécies silvestres e nos ecossistemas, além de impactar diretamente os animais de estimação. Alterações nos *habitats* e nos padrões migratórios podem afetar a saúde das populações de vida selvagem, aumentando o risco de doenças emergentes e reemergentes. Espécies que não conseguem se adaptar rapidamente às mudanças climáticas podem enfrentar ameaças significativas à sua sobrevivência, alterando a dinâmica dos ecossistemas e a saúde geral dos animais (Walther *et al.*, 2002). Para animais de estimação, a mudança no ambiente e nas condições climáticas pode resultar em novos riscos de saúde, como a exposição a doenças previamente não endêmicas e alterações no comportamento, exigindo uma vigilância contínua e adaptações nos cuidados fornecidos.

### 5.8. Importância da bioclimatologia na saúde das espécies de animais

#### 5.8.1. Suínos

O estresse térmico em suínos ocorre quando esses animais são expostos a temperaturas elevadas e alta umidade, excedendo sua capacidade de regulação térmica (Brown-Brandl *et al.*, 2019). O diagnóstico é realizado pela observação de sinais clínicos, como respiração ofegante, aumento da frequência cardíaca e redução na produtividade, juntamente com medições da temperatura ambiente e da umidade relativa (Renaudeau *et al.*, 2012).

Os tratamentos incluem a melhoria das condições de ventilação, o fornecimento constante de água fresca e a instalação de sistemas de resfriamento, como nebulizadores e ventiladores. Suplementos alimentares que auxiliam na recuperação também podem ser usados (Huynh *et al.*, 2005).

Para prevenir o estresse térmico, é essencial um manejo ambiental adequado, com áreas sombreadas, boa ventilação e acesso contínuo à água (Baumgard; Rhoads, 2013). Recentemente, sistemas de resfriamento mais eficientes e fórmulas alimentares específicas têm sido desenvolvidos para minimizar o impacto do calor sobre os suínos (Collin *et al.*, 2001).

### 5.8.2. Frangos de corte

O estresse por calor é um dos principais desafios para a saúde dos frangos de corte, especialmente em climas quentes e com alta umidade. Esse tipo de estresse ocorre quando a temperatura ambiente ultrapassa a capacidade das aves de perder calor, o que as leva a desenvolver sintomas graves e diminui sua imunidade. Frangos de corte são particularmente vulneráveis ao calor, já que não possuem glândulas sudoríparas e dependem principalmente da respiração acelerada para dissipar o calor (Lara; Rostagno, 2013).

Sob condições de estresse térmico, os frangos apresentam sinais como aumento na taxa de respiração, redução no consumo de ração, letargia e até queda na produção de carne. Além disso, o estresse por calor afeta o sistema imunológico, aumentando a suscetibilidade das aves a infecções e doenças respiratórias e intestinais (Mujahid, 2011).

Esse comprometimento do sistema imunológico se deve ao fato de que o calor excessivo desvia energia para a termorregulação, deixando menos recursos para a defesa imunológica.

Para manejar o estresse térmico e manter a saúde das aves, é essencial investir em práticas de ventilação eficazes, uso de nebulizadores e controle da densidade populacional dentro dos galpões. Suplementos alimentares contendo eletrólitos e antioxidantes ajudam a mitigar os danos causados pelo calor e a manter a imunidade em níveis adequados (Attia *et al.*, 2016).

A prevenção do estresse por calor inclui ainda a disponibilidade de água fresca e a implementação de sistemas automáticos de ventilação e resfriamento que ajudam a manter uma temperatura confortável para as aves. Essas medidas têm mostrado resultados positivos na redução do impacto do calor sobre a saúde dos frangos, promovendo não apenas o bem-estar, mas também o desempenho produtivo (Cisilotto *et al.*, 2021).

### 5.8.3. Bovinos de corte e leite

O estresse térmico em bovinos de corte e de leite impacta significativamente a saúde e o desempenho produtivo, predispondo os animais a várias doenças devido à interferência nas funções fisiológicas e imunológicas. Em bovinos de corte, o estresse térmico afeta diretamente a eficiência alimentar e o ganho de peso, enquanto, em vacas leiteiras, há uma redução na produção de leite e na qualidade do produto. Em ambos os casos, o calor excessivo leva a uma maior vulnerabilidade a infecções e problemas de saúde, que podem comprometer o bem-estar dos animais.

Entre as doenças mais comuns resultantes do estresse térmico estão as doenças respiratórias bovinas (DRB), como pneumonia, que se desenvolvem pela redução na imunidade dos animais e pelo aumento do risco de infecções bacterianas e virais. A DRB é agravada pelo estresse térmico, pois os bovinos tentam dissipar o calor aumentando a frequência respiratória, o que facilita a entrada de patógenos no trato respiratório (Taylor *et al.*, 2010). Esse problema é especialmente prejudicial em sistemas de confinamento, nos quais a ventilação pode ser insuficiente.

A acidose ruminal também é um problema frequente em bovinos sob estresse térmico, afetando tanto os bovinos de corte quanto os de leite. Sob calor excessivo, os bovinos tendem a consumir menos fibra e mais alimentos de fácil digestão, como grãos, o que leva a um desequilíbrio no pH do rúmen. Em bovinos de corte, a acidose resulta em uma redução no ganho de peso, enquanto, em vacas leiteiras, compromete a produção e a qualidade do leite. Os sintomas da acidose incluem perda de apetite e, em casos graves, claudicação, devido a inflamações sistêmicas decorrentes do desbalanço ácido no organismo (Plaizier *et al.*, 2008).

Outro problema é a mastite, uma infecção das glândulas mamárias, que se intensifica sob condições de calor e umidade elevados, impactando tanto vacas de leite quanto de corte. Em vacas leiteiras, a mastite reduz a qualidade e a quantidade do leite, enquanto, em vacas de corte, afeta a produção de leite para os bezerros, prejudicando seu desenvolvimento. A menor imunidade provocada pelo estresse térmico e a proliferação de agentes patogênicos no ambiente favorecem o surgimento dessa infecção.

Doenças gastrointestinais, como a diarreia, são comuns em bezerros de ambos os sistemas de produção quando expostos a altas temperaturas. O estresse térmico prejudica a função digestiva, aumentando a suscetibilidade a infecções entéricas. A diarreia pode causar desidratação severa e comprometer o crescimento, exigindo manejo cuidadoso para evitar complicações (Morin et al., 2001).

### 5.8.4. Ovinos

O estresse térmico em ovinos de corte e caprinos é uma preocupação significativa, principalmente em regiões com temperaturas elevadas e pouca sombra, pois esses animais apresentam limitações na dissipação do calor. O estresse térmico interfere diretamente em sua produtividade e saúde, afetando o ganho de peso, a qualidade da carne e a imunidade. Em ovinos, o calor excessivo pode resultar em menor ingestão de alimentos e eficiência alimentar reduzida, enquanto, em caprinos, o impacto sobre o bem-estar pode prejudicar a reprodução e o crescimento.

Entre as doenças mais comuns causadas pelo estresse térmico, destaca-se a pneumonia, uma doença respiratória que afeta tanto ovinos quanto caprinos. O aumento da frequência respiratória e a dilatação dos vasos sanguíneos, uma resposta natural dos animais para tentar reduzir a temperatura corporal, tornam o sistema respiratório mais suscetível a infecções bacterianas e virais. A pneumonia pode se manifestar por sinais como tosse, secreção nasal e febre, além de comprometer o desenvolvimento e a sobrevivência dos animais em casos graves.

A acidose ruminal também é um problema em ovinos e caprinos sob condições de calor extremo. Em altas temperaturas, esses animais tendem a consumir mais alimentos ricos em carboidratos e menos fibras, o que leva a um desequilíbrio no pH do rúmen. Esse problema pode causar sintomas como perda de apetite, diarreia e, em casos avançados, inflamações que afetam o desempenho produtivo e o bem-estar.

Além disso, problemas gastrointestinais, como diarreias infecciosas, são comuns em bezerros e cabritos jovens em ambientes quentes. A diarreia provoca desidratação severa e aumento da vulnerabilidade a outros patógenos, especialmente em animais jovens que ainda não desenvolveram totalmente seu sistema imunológico. O manejo adequado do ambiente, com sombra, ventilação e oferta constante de água, é essencial para reduzir os efeitos do calor.

### 5.8.5. Animais de estimação

A hipotermia é uma condição crítica que ocorre em animais de estimação quando estão expostos a temperaturas frias sem a devida proteção, resultando na perda de calor corporal. Essa condição pode afetar gravemente a saúde de cães, gatos e aves domésticas, principalmente em climas rigorosos.

O diagnóstico da hipotermia é realizado por meio da medição da temperatura corporal, que geralmente é inferior a 37°C, em casos de hipotermia moderada a grave. Além disso, sinais clínicos – como tremores, letargia, dificuldade de locomoção e respiração superficial – são indicadores importantes de que o animal pode estar sofrendo com a exposição ao frio.

O tratamento atual para a hipotermia envolve o reaquecimento gradual do animal, utilizando cobertores aquecidos ou fontes de calor externas, além de suporte veterinário para monitorar a recuperação. É fundamental evitar o superaquecimento repentino, que pode causar choques térmicos.

A profilaxia é essencial para prevenir a hipotermia, e isso inclui o fornecimento de abrigo adequado, como casinhas ou espaços protegidos do vento e da umidade, além de garantir que os animais tenham acesso a locais quentes para descansar. Vestimentas para cães e gatos, como casacos e botas, podem ser úteis em temperaturas extremas.

Recentemente, técnicas de manejo aprimoradas e produtos projetados para proteger os animais em climas frios têm sido desenvolvidos. Esses produtos incluem cobertores térmicos, camas aquecidas e abrigos isolados que ajudam a manter a temperatura corporal adequada, promovendo o bem-estar e a saúde dos animais de estimação durante os meses mais frios.

### 5.9. Considerações finais

A interseção entre saúde animal e clima revela uma complexa rede de relações que é essencial para a compreensão dos impactos das mudanças climáticas sobre o bem-estar dos animais. A Bioclimatologia Animal fornece uma base para analisar como os fatores climáticos afetam a fisiologia, comportamento e saúde dos animais, destacando a importância de adaptar práticas de manejo e prevenção para enfrentar esses desafios.

O estresse térmico, as alterações na distribuição de doenças e as mudanças na nutrição e alimentação são apenas alguns dos muitos efeitos diretos das mudanças climáticas sobre a saúde animal. Ondas de calor e eventos climáticos extremos não só afetam a saúde dos animais de produção, reduzindo a eficiência e a produtividade, mas também têm implicações significativas para os animais de estimação e a vida selvagem.

A adaptação dos sistemas de manejo para diferentes ambientes climáticos é crucial para minimizar esses impactos e garantir a saúde animal. A gestão sanitária em ambientes temperados, tropicais e áridos deve considerar as características específicas de cada clima e implementar estratégias adequadas para controlar estresses térmicos, doenças infecciosas e deficiências nutricionais. Além disso, o impacto das mudanças climáticas na saúde de espécies silvestres e a dinâmica dos ecossistemas destacam a necessidade de uma abordagem integrada para a conservação e o manejo da vida selvagem.

Portanto, é imperativo que pesquisadores, gestores e profissionais da saúde animal continuem a investigar e implementar medidas adaptativas que possam mitigar os efeitos adversos das mudanças climáticas. A compreensão contínua e a resposta eficaz a esses desafios são fundamentais para proteger a saúde e o bem-estar dos animais, promover a sustentabilidade dos sistemas de produção e preservar a biodiversidade global.

# CAPÍTULO 6: AVANÇOS EM GENÉTICA E SELEÇÃO ANIMAL COM RELEVÂNCIA PARA A BIOCLIMATOLOGIA

## 6.1. Introdução à relação entre genética e bioclimatologia animal

A genética e a seleção animal têm avançado significativamente, impulsionadas por novas tecnologias e uma compreensão mais profunda dos mecanismos genéticos. Esses avanços são especialmente relevantes ao considerarmos a bioclimatologia, que estuda as interações entre o clima e os organismos vivos. Com as mudanças climáticas impactando a saúde e a produtividade dos animais, torna-se essencial entender como as variáveis climáticas afetam as características fenotípicas e o bem-estar dos rebanhos. Essa compreensão é primordial para o desenvolvimento de estratégias de seleção que garantam a adaptabilidade dos animais a ambientes em transformação (Hoffmann, 2019; Davis; Hill, 2019; Baruselli et al., 2020).

Os esforços na genética animal não visam apenas melhorar características produtivas, mas também aumentar a resistência dos animais a estresses ambientais, como calor e umidade, que podem impactar seu desempenho e sua saúde (Ravagnolo; Misztal, 2000; Almeida; Ferreira, 2020; Carvalheiro et al., 2021). Ao integrar a bioclimatologia com a genética, é possível desenvolver abordagens de seleção mais eficazes, focadas na sustentabilidade e na resiliência dos sistemas de produção animal frente às mudanças climáticas (Bourdon, 2018; Rosa; Silva, 2019; Montaldo et al., 2021).

Neste capítulo, será abordada a interseção entre genética e bioclimatologia, enfatizando como os avanços em tecnologias genéticas podem ajudar os rebanhos a se adaptarem às mudanças climáticas. A análise incluirá o impacto das variações climáticas nas características fenotípicas e no bem-estar animal, além da importância de selecionar traços que conferem resistência a estresses ambientais.

### 6.2. Efeitos climáticos sobre a genética e a seleção animal

As condições climáticas influenciam diretamente as características fenotípicas e genéticas dos animais. Fatores como temperatura, umidade e precipitação afetam a saúde, o desempenho e o comportamento dos animais. Por exemplo, pesquisas recentes demonstram que variações genéticas associadas à resistência ao calor são cruciais para melhorar a adaptabilidade dos bovinos em regiões de alta temperatura (Smith *et al.*, 2023). Identificar essas variantes genéticas permite a seleção de animais mais resistentes ao estresse térmico, promovendo maior eficiência na produção.

### 6.3. Seleção genômica e adaptação climática

A seleção genômica tem se mostrado uma ferramenta valiosa para promover a adaptação dos animais às mudanças climáticas. Ao integrar informações genéticas com dados sobre a resposta dos animais às condições ambientais adversas, é possível selecionar indivíduos com características que aumentam sua resiliência. Por exemplo, a seleção genômica pode identificar marcadores associados à tolerância ao frio em ovinos, ajudando a adaptar raças para regiões mais frias ou para enfrentar variações climáticas severas (Carter *et al.*, 2024). Essa abordagem permite uma seleção mais precisa e eficiente, acelerando a adaptação dos animais.

### 6.4. Impacto da mudança climática e estratégias de seleção

A mudança climática está alterando os padrões climáticos globais, o que impacta diretamente as práticas de manejo e seleção animal. Com o aumento das temperaturas e as mudanças nos padrões de precipitação, adaptar as estratégias de seleção é crucial para manter a produtividade e o bem-estar dos animais.

Integrar modelos climáticos nas práticas de seleção pode ajudar a desenvolver animais mais adaptáveis a cenários futuros (Jones *et al.*, 2023). Essa abordagem integrada, que combina dados genéticos com previsões climáticas, é fundamental para garantir a sustentabilidade da produção animal.

### 6.5. Seleção genética para adaptabilidade climática

A adaptabilidade climática é essencial para garantir que os animais possam prosperar em ambientes que estão mudando rapidamente devido ao aquecimento global, alterações nos padrões de precipitação e outros fatores climáticos. A capacidade de resistir a condições extremas, como calor intenso ou frio severo, e de ajustar o metabolismo e o comportamento em resposta às mudanças ambientais, pode influenciar significativamente a saúde e o desempenho dos animais (Anderson *et al.*, 2023). Portanto, a seleção de características genéticas que promovam essa adaptabilidade é uma prioridade para manter a produtividade e o bem-estar dos rebanhos.

Os avanços em genômica têm possibilitado uma compreensão mais profunda dos mecanismos genéticos associados à adaptabilidade climática. Tecnologias como o sequenciamento de nova geração (NGS) e a edição genética tem permitido a identificação e a modificação de genes que influenciam a resposta dos animais às condições climáticas adversas. Estudos recentes têm destacado como a seleção genômica pode ser utilizada para identificar variantes genéticas que conferem resistência ao calor ou ao frio (Carter *et al.*, 2024). Por exemplo, a seleção de bovinos que possuem variantes genéticas associadas à tolerância ao calor pode melhorar a eficiência produtiva em regiões de alta temperatura.

A aplicação prática da seleção genética para adaptabilidade climática envolve a integração de dados genéticos com informações sobre as condições ambientais, programas de melhoramento genético podem incorporar dados sobre a resposta dos animais a diferentes condições climáticas para selecionar indivíduos com características desejáveis. Isso pode incluir a seleção de animais com melhor capacidade de termorregulação, resistência a doenças relacionadas ao clima e eficiência na utilização de alimentos sob condições variáveis (Jones *et al.*, 2023). A combinação de informações genéticas com modelos climáticos permite o desenvolvimento de estratégias de seleção mais eficazes, que visam criar animais mais resilientes a futuras mudanças climáticas.

Apesar dos avanços, a seleção genética para adaptabilidade climática enfrenta desafios significativos. A complexidade dos mecanismos de adaptação e a necessidade de avaliar múltiplos fatores ambientais tornam a seleção um processo complexo e demorado. Além disso, a necessidade de considerar questões éticas e de bem-estar animal é fundamental ao implementar novas tecnologias genéticas. As perspectivas futuras incluem o aprimoramento das técnicas de edição genética e a utilização de modelos preditivos mais sofisticados para antecipar as necessidades futuras (Smith *et al.*, 2023). A pesquisa contínua e a colaboração entre cientistas, produtores e formuladores de políticas serão essenciais para enfrentar esses desafios e promover a sustentabilidade na produção animal.

### 6.6. Marcadores genéticos

A identificação e a utilização de marcadores genéticos de tolerância ao calor e ao frio são essenciais para o desenvolvimento de estratégias de seleção que promovem a adaptabilidade dos animais às condições climáticas extremas. Com as mudanças climáticas resultando em temperaturas mais extremas, entender e aplicar esses marcadores pode ajudar a garantir a produtividade e o bem-estar dos animais. A seguir, exploramos os avanços recentes na identificação desses marcadores e suas aplicações práticas.

A capacidade dos animais de resistir ao calor intenso ou ao frio severo é crucial para manter a produtividade e a saúde. O estresse térmico pode afetar a eficiência alimentar, a reprodução e a saúde geral dos animais, enquanto a exposição ao frio extremo pode levar a problemas de saúde e reduzir a eficiência produtiva. Identificar marcadores genéticos que estão associados à tolerância a essas condições extremas é fundamental para selecionar animais que possam prosperar em ambientes desafiadores (Anderson *et al.*, 2023).

### 6.6.1. Marcadores genéticos para tolerância ao calor

Recentes avanços na genômica permitiram a identificação de vários marcadores genéticos associados à tolerância ao calor. Eles estão frequentemente relacionados a processos fisiológicos como a regulação da temperatura corporal e a resposta ao estresse térmico. Estudos como os realizados por Carter *et al.* (2024) mostram que variantes genéticas no gene *HSP70* (Heat Shock Protein 70) estão associadas a uma melhor capacidade de resistir ao calor. A expressão aumentada desse gene pode ajudar os animais a lidarem com o estresse térmico ao melhorar a eficiência da termorregulação (Carter *et al.*, 2024).

Além disso, marcadores em genes como *Bcl-2* e *ATF3* também têm sido associados a uma maior tolerância ao calor, evidenciando a complexidade da resposta genética ao estresse térmico (Smith *et al.*, 2023). A seleção de animais com esses marcadores pode melhorar a resiliência dos rebanhos em regiões com altas temperaturas.

### 6.6.2. Marcadores genéticos para tolerância ao frio

A tolerância ao frio também é uma característica genética importante, especialmente em regiões onde as temperaturas podem cair drasticamente. Marcadores genéticos associados à tolerância ao frio frequentemente influenciam processos como a adaptação metabólica e a manutenção da integridade celular.

Estudos demonstraram que o gene *UCP1* (Uncoupling Protein 1) está relacionado à capacidade dos animais de gerar calor e resistir a condições frias (Jones *et al.*, 2023).

Pesquisas adicionais revelaram que a variação no gene *PRDM16* também está associada a uma maior capacidade de adaptação ao frio, ajudando os animais a manterem a temperatura corporal adequada em ambientes frios (Carter *et al.*, 2024). A inclusão desses marcadores nos programas de melhoramento genético pode ajudar a desenvolver raças mais adaptadas a climas frios.

### 6.7. Aplicações de tecnologias genéticas na adaptação climática

As tecnologias genéticas têm desempenhado um papel fundamental na adaptação de espécies animais às mudanças climáticas. Essas tecnologias permitem a identificação e a modificação de características genéticas que são essenciais para a resiliência e a produtividade dos animais em face das alterações ambientais. A seguir, exploramos como diferentes tecnologias genéticas estão sendo aplicadas para melhorar a adaptação climática.

#### 6.7.1. Sequenciamento genômico e identificação de marcadores

O sequenciamento genômico de nova geração (NGS) tem revolucionado a genética animal ao permitir uma análise detalhada dos genomas das espécies. Essa tecnologia facilita a identificação de variantes genéticas associadas a características desejáveis, como a tolerância ao calor ou ao frio. Estudos recentes demonstram que o NGS pode identificar marcadores genéticos importantes para a adaptação climática, permitindo a seleção mais precisa de indivíduos com características que promovem a resiliência a condições extremas (Smith *et al.*, 2023).

Por exemplo, o sequenciamento genômico foi usado para identificar variantes no gene *HSP70*, que estão associadas à tolerância ao calor em bovinos. Essa informação permite a seleção de animais que podem manter a produtividade em regiões com altas temperaturas (Carter *et al.*, 2024).

### 6.7.2. Edição genética com CRISPR/Cas9

A tecnologia de edição genética CRISPR/Cas9 tem se mostrado extremamente promissora para a adaptação climática. Essa técnica permite a modificação precisa de genes, possibilitando a criação de animais com características adaptativas específicas. A edição genética pode ser usada para introduzir ou modificar variantes genéticas que conferem resistência ao estresse térmico ou frio, acelerando o processo de melhoramento genético.

Por exemplo, a edição do gene *UCP1* (Uncoupling Protein 1) tem sido explorada para melhorar a capacidade de termogênese em animais expostos ao frio. Isso ajuda a manter a temperatura corporal adequada em ambientes frios, aumentando a eficiência produtiva em regiões com baixas temperaturas (Jones *et al.*, 2023).

### 6.8. Seleção genômica e modelagem climática

A seleção genômica é uma abordagem que utiliza informações genéticas para prever o valor genético de um animal para características específicas. A integração de dados genômicos com modelagem climática permite o desenvolvimento de estratégias de seleção que consideram as condições ambientais futuras. Isso ajuda a criar animais que são não apenas adaptados às condições atuais, mas também resilientes a futuras mudanças climáticas.

Por exemplo, a modelagem climática pode prever alterações nas condições ambientais e permitir que programas de melhoramento genético selecionem animais com características que serão benéficas em futuros cenários climáticos (Jones *et al.*, 2023). Isso pode incluir a seleção de animais com melhor capacidade de adaptação ao calor ou ao frio, dependendo das previsões climáticas.

## 6.9. Tecnologias ômicas e adaptação climática

Além do sequenciamento genômico e da edição genética, tecnologias ômicas, como o transcriptoma e o proteoma, estão sendo usadas para entender melhor a resposta dos animais às condições climáticas. Essas tecnologias fornecem uma visão mais detalhada dos processos biológicos que ocorrem em resposta ao estresse ambiental, permitindo uma seleção mais informada.

Por exemplo, estudos transcriptômicos têm identificado padrões de expressão gênica associados à tolerância ao calor, ajudando a compreender os mecanismos moleculares subjacentes e a identificar novos alvos para a seleção (Smith *et al.*, 2023). A integração dessas tecnologias com abordagens genômicas pode melhorar a precisão das estratégias de seleção para adaptação climática.

## 6.10. Desafios e considerações éticas

Embora as tecnologias genéticas ofereçam grandes oportunidades para melhorar a adaptação climática, elas também apresentam desafios e questões éticas. A aplicação de edição genética e a seleção genômica precisam ser realizadas com cuidado para garantir o bem-estar dos animais e a sustentabilidade dos sistemas de produção. A validação dos resultados em diferentes populações e ambientes bem como a consideração das implicações éticas são essenciais para o sucesso dessas tecnologias (Carter *et al.*, 2024).

À medida que as tecnologias genéticas avançam para enfrentar os desafios das mudanças climáticas, surgem questões éticas e sociais complexas que precisam ser cuidadosamente avaliadas. A aplicação de técnicas como o sequenciamento genômico, a edição genética e a seleção genômica para melhorar a adaptação climática dos animais oferece enormes benefícios, mas também levanta preocupações sobre o bem-estar animal, a sustentabilidade e as implicações sociais. A seguir, exploramos essas considerações em detalhe.

### 6.10.1. Questões de acesso

As tecnologias genéticas podem também levantar questões de acesso. A implementação de tais tecnologias pode estar concentrada em regiões ou países com mais recursos, enquanto áreas com menos acesso a essas tecnologias podem ficar em desvantagem. Isso pode ampliar as desigualdades existentes entre países desenvolvidos e em desenvolvimento, além de criar disparidades no acesso a benefícios associados à adaptação climática (Carter *et al.*, 2024).

É importante considerar políticas que promovam a equidade no acesso a tecnologias genéticas e garantam que os benefícios sejam distribuídos de maneira justa. Isso inclui a colaboração internacional e o compartilhamento de conhecimentos e tecnologias para apoiar regiões menos favorecidas e assegurar que todos possam se beneficiar dos avanços na adaptação climática.

### 6.10.2. Considerações culturais e sociais

A aceitação de tecnologias genéticas varia amplamente entre diferentes culturas e sociedades. Algumas comunidades podem ter reservas quanto à modificação genética de animais devido a crenças culturais ou preocupações éticas. É essencial engajar as partes interessadas, incluindo comunidades locais e grupos de defesa dos direitos dos animais, no processo de tomada de decisões para garantir que as tecnologias sejam implementadas de forma sensível às preocupações culturais e sociais.

A comunicação transparente sobre os objetivos, benefícios e riscos associados às tecnologias genéticas é fundamental para construir confiança e garantir que as decisões sejam informadas e bem aceitas pela sociedade (Jones *et al.*, 2023).

## 6.11. Regulação e supervisão

Finalmente, a regulamentação e a supervisão eficaz das tecnologias genéticas são cruciais para abordar as preocupações éticas e sociais. A criação de *frameworks* regulatórios que incluam avaliações rigorosas de segurança e impacto, além de mecanismos para monitoramento contínuo, pode ajudar a mitigar riscos e garantir que as práticas sejam conduzidas de maneira ética e responsável.

### 6.12. Considerações finais

As considerações éticas e sociais são cruciais na aplicação de tecnologias genéticas para adaptação climática. Garantir o bem-estar animal e avaliar o impacto ambiental das modificações genéticas são essenciais para uma implementação responsável. Além disso, é fundamental promover a equidade no acesso a essas tecnologias, evitando que as desigualdades se ampliem e garantindo que os benefícios sejam distribuídos de maneira justa.

A aceitação cultural e social das tecnologias também deve ser considerada, com um enfoque em respeitar e engajar as comunidades locais. A transparência e a comunicação clara sobre os objetivos e riscos das tecnologias genéticas ajudam a construir confiança e a assegurar uma implementação alinhada com os valores sociais.

Finalmente, uma regulamentação eficaz e a supervisão rigorosa são necessárias para mitigar riscos e garantir que as práticas sejam éticas e sustentáveis. Integrar ciência e ética é essencial para desenvolver soluções que promovam uma adaptação climática eficaz, respeitando o bem-estar animal e a justiça social.

# CAPÍTULO 7: COMPORTAMENTO, BEM-ESTAR ANIMAL E BIOCLIMATOLOGIA

**7.1. Introdução a influência da bioclimatologia no comportamento e no bem-estar dos animais**

O comportamento animal é profundamente influenciado por fatores ambientais, e o entendimento dessa influência é essencial para a Bioclimatologia Animal, que investiga como as condições climáticas afetam a fisiologia e o comportamento dos animais. A introdução ao comportamento animal em um contexto bioclimatológico aborda como os animais respondem às variações climáticas e como essas respostas são adaptativas para sua sobrevivência e bem-estar.

A interação entre clima e comportamento animal é complexa e multifacetada. O comportamento dos animais é moldado não apenas pela temperatura e pela umidade, mas também por fatores como disponibilidade de recursos, padrões de precipitação e mudanças sazonais. Por exemplo, em climas temperados, as variações sazonais podem desencadear comportamentos migratórios em aves e mudanças nos padrões de forrageamento em mamíferos (Dingle; Drake, 2007). Essas respostas comportamentais são adaptativas e permitem que os animais maximizem sua sobrevivência e reprodução ao se ajustarem às mudanças nas condições ambientais.

Em climas tropicais, em que a temperatura e a umidade são relativamente constantes, os animais podem desenvolver comportamentos para lidar com a alta umidade e a variação diurna de temperatura. O comportamento de forrageamento e os padrões de atividade podem ser ajustados para evitar o estresse térmico e a desidratação (Lima *et al.*, 2009). Estudos sobre insetos tropicais, por exemplo, mostram que eles ajustam seus períodos de atividade para evitar as horas mais quentes do dia, buscando sombra ou umidade para regular sua temperatura corporal (Gaston *et al.*, 2017).

Além disso, em climas áridos, os animais exibem comportamentos específicos para lidar com a escassez de água e a extrema variabilidade de temperatura. Muitos animais do deserto têm comportamentos noturnos para evitar o calor extremo do dia e utilizam técnicas de conservação de água, como reduzindo a perda de água pela pele e adaptando seus ciclos de alimentação e sono (Williams *et al.*, 2022). Esses comportamentos são críticos para a sobrevivência em ambientes onde a água é um recurso limitado e as temperaturas podem variar drasticamente entre o dia e a noite.

O impacto das mudanças climáticas sobre o comportamento animal também é um campo crescente de pesquisa. Alterações na temperatura e nos padrões climáticos podem modificar os ciclos de vida, os padrões de migração e as estratégias de forrageamento dos animais. Por exemplo, o aquecimento global pode antecipar o início das temporadas de reprodução e alterar os períodos de migração de muitas espécies (Forrest; Miller-Rushing, 2010). Tais mudanças podem ter efeito cascata sobre as interações ecológicas e a estrutura dos ecossistemas.

Neste capítulo, discutiremos como o comportamento animal é influenciado por condições ambientais, com foco nas respostas adaptativas dos animais às variações climáticas. Veremos como esses comportamentos são fundamentais para a sobrevivência e o bem-estar das espécies, com ênfase em como os animais ajustam suas atividades, seus padrões de forrageamento e sua busca por alívio térmico diante de diferentes climas. Abordaremos também as adaptações comportamentais observadas em climas temperados, tropicais e áridos, e como as mudanças climáticas estão afetando esses comportamentos, o que pode impactar a biodiversidade e os ecossistemas.

## 7.2. Adaptações comportamentais dos animais às variações climáticas

As adaptações comportamentais dos animais às variações climáticas são estratégias cruciais que garantem sua sobrevivência e seu sucesso reprodutivo em ambientes que experimentam mudanças significativas nas condições ambientais. Essas adaptações são moldadas pela necessidade de lidar com variações na temperatura, na umidade, na disponibilidade de recursos, e outros fatores climáticos. A seguir, exploramos como diferentes tipos de animais ajustam seus comportamentos para enfrentar essas variações climáticas.

### 7.2.1. Adaptações a mudanças de temperatura

As variações na temperatura, sejam sazonais ou resultantes de mudanças climáticas, afetam profundamente o comportamento animal. Em climas temperados, por exemplo, muitos animais desenvolvem comportamentos migratórios para evitar condições extremas de temperatura. A migração sazonal permite que aves, como andorinhas e gansos, escapem dos invernos rigorosos e se dirijam a regiões mais quentes durante a estação fria (Newton, 2008). Além disso, mamíferos como os ursos podem entrar em hibernação, um comportamento que reduz o gasto energético durante os meses mais frios e permite a sobrevivência até que as condições melhorem (Anderson *et al.*, 1997).

Em climas quentes, os animais adotam comportamentos para evitar o estresse térmico. Animais de deserto, como os camelos, têm comportamentos específicos, como o forrageamento noturno, para minimizar a exposição ao calor extremo durante o dia (Williams *et al.*, 2012). Outros animais, como certos répteis e insetos, ajustam seu comportamento para aproveitar períodos mais frescos do dia, aumentando sua atividade durante as manhãs ou ao entardecer (Gaston *et al.*, 2017).

### 7.2.2. Adaptações à umidade e disponibilidade de água

A umidade e a disponibilidade de água são fatores climáticos críticos que afetam o comportamento animal. Em regiões tropicais e subtropicais, onde a umidade é alta, muitos animais desenvolvem comportamentos para lidar com o excesso de umidade e evitar doenças relacionadas (Lima *et al.*, 2009d). Por exemplo, alguns mamíferos e aves buscam áreas mais secas ou ventiladas para descansar, reduzindo a exposição a condições úmidas que podem promover infecções fúngicas e parasitárias.

Em ambientes áridos, a escassez de água leva a comportamentos específicos de conservação e busca de água. Muitos animais do deserto, como os roedores e os antílopes, têm comportamentos adaptativos que incluem a capacidade de reduzir a perda de água pela urina e pelas fezes altamente concentradas (Schmidt-Nielsen, 1997). Além disso, esses animais frequentemente têm comportamentos de forrageamento que priorizam a busca por fontes de água, como poças ou plantas que armazenam água (Williams *et al.*, 2012).

### 7.2.3. Estratégias de forrageamento e reprodução

Mudanças climáticas podem alterar a disponibilidade de alimentos e afetar os padrões de forrageamento. Em resposta a essas mudanças, muitos animais ajustam seus comportamentos alimentares. Por exemplo, aves migratórias podem mudar seus padrões de migração com base na disponibilidade de alimentos em diferentes estações (Sillett *et al.*, 2000). Da mesma forma, animais de pastagem, como os ungulados, ajustam seus movimentos e padrões de pastoreio com base na disponibilidade de vegetação e na qualidade das pastagens (Fryxell *et al.*, 2004).

Durante a reprodução, alterações climáticas podem influenciar os comportamentos de acasalamento e nidação. Mudanças na temperatura e na disponibilidade de recursos podem afetar o tempo de reprodução e a sobrevivência dos filhotes. Por exemplo, em algumas espécies de anfíbios, mudanças na temperatura podem antecipar o início da estação de reprodução e alterar os padrões de desova, o que pode ter impactos significativos na sobrevivência dos girinos e das larvas (Limm; Orrock, 2009).

### 7.2.4. Adaptações comportamentais à alteração dos ciclos climáticos

Com o aumento das mudanças climáticas, muitos animais estão enfrentando novos desafios, como a alteração dos ciclos climáticos e a mudança na sazonalidade dos recursos. Animais que dependem de ciclos climáticos específicos, como certos insetos e plantas, podem ter de ajustar seus comportamentos para sincronizar com novas condições. Por exemplo, mudanças no momento da floração das plantas podem impactar os padrões de polinização e, consequentemente, os comportamentos alimentares de insetos polinizadores (Cleland *et al.*, 2007).

### 7.2.5. Impacto do clima no comportamento reprodutivo e social dos animais

O clima exerce uma influência fundamental sobre o comportamento reprodutivo e social dos animais, moldando padrões de acasalamento, cuidados parentais e interações sociais. As variações climáticas podem afetar esses comportamentos de maneiras diversas, dependendo da espécie e do ambiente específico. A seguir, exploramos como diferentes aspectos do clima impactam esses comportamentos, com base em pesquisas recentes.

A temperatura é um fator climático crucial que afeta o comportamento reprodutivo de muitos animais. Mudanças na temperatura podem alterar o *timing* da reprodução, a qualidade dos cuidados parentais e a sobrevivência dos filhotes. Em aves, por exemplo, o aumento das temperaturas médias pode antecipar o início da estação de reprodução.

Estudos demonstram que aves migratórias, como os pardais, tendem a iniciar a reprodução mais cedo em resposta ao aumento da temperatura, o que pode resultar em uma dessincronização com a disponibilidade de recursos alimentares essenciais para os filhotes (Sillett *et al.*, 2000).

Além disso, temperaturas extremas podem impactar a qualidade dos cuidados parentais. Em algumas espécies de peixes e anfíbios, como os sapos, o aumento da temperatura pode reduzir a taxa de sobrevivência dos ovos e dos girinos devido ao estresse térmico e à redução da disponibilidade de água (Miller *et al.*, 2010). Em contraste, algumas espécies podem ajustar seus comportamentos de acasalamento para se adaptar às novas condições térmicas, como visto em algumas espécies de répteis que mudam seus horários de atividade para evitar o calor extremo (Sinervo *et al.*, 2010).

### 7.2.6. Influência da umidade e da disponibilidade de recursos

A umidade e a disponibilidade de recursos são outros aspectos climáticos que afetam o comportamento reprodutivo e social. Em regiões tropicais, onde a umidade é alta, muitos animais têm comportamentos reprodutivos que estão sincronizados com os padrões de precipitação. Por exemplo, em algumas espécies de rãs, a reprodução é desencadeada por chuvas intensas, que criam poças temporárias adequadas para a desova (Crump, 1995). A falta de precipitação pode levar a uma redução na reprodução e, consequentemente, na sobrevivência das larvas.

Em ambientes áridos, onde a água é escassa, animais como roedores e antílopes adaptam seus comportamentos reprodutivos para maximizar a sobrevivência dos filhotes. Alguns roedores reduzem a frequência de reprodução durante períodos de seca e aumentam a quantidade de cuidados parentais durante as temporadas de chuva, quando os recursos são mais abundantes (Degen *et al.*, 1997). Da mesma forma, muitos ungulados ajustam seus períodos de acasalamento para coincidir com a estação das chuvas, quando a vegetação é mais nutritiva e a disponibilidade de água é maior (Fryxell *et al.*, 2004).

### 7.2.7. Impacto das mudanças climáticas nas interações sociais

Mudanças climáticas também afetam as interações sociais entre animais. O estresse térmico e a alteração dos recursos podem modificar a estrutura social e as dinâmicas de grupo. Em mamíferos sociais, como primatas e elefantes, mudanças na temperatura e na disponibilidade de água podem influenciar a formação de grupos e a hierarquia social. Estudos mostram que elefantes em regiões secas podem formar grupos maiores e mais coesos durante períodos de seca para otimizar a busca por água e alimentos (Morrison et al., 2007).

Além disso, mudanças na disponibilidade de recursos podem levar a maior competição dentro dos grupos sociais. Em algumas espécies de aves, como o pardal-de-cabeça-preta, a redução na disponibilidade de alimentos durante períodos de seca pode aumentar a agressividade e a competição entre indivíduos, afetando a estrutura social e a dinâmica de grupo (Fok et al., 2006).

### 7.2.8. Adaptações comportamentais às variações climáticas

Os animais também podem desenvolver adaptações comportamentais para lidar com as mudanças climáticas que afetam seu comportamento reprodutivo e social. Em resposta ao aumento das temperaturas, algumas espécies ajustam seus padrões de atividade, como a migração e os horários de forrageamento, para evitar o calor extremo.

### 7.3. Estratégias comportamentais para mitigação de estresse térmico

O estresse térmico, que ocorre quando a temperatura ambiente excede a capacidade de um animal regular sua temperatura corporal de forma eficiente, é um desafio crescente devido às mudanças climáticas e ao aumento das temperaturas extremas. Animais em diferentes ambientes, sejam selvagens ou domesticados, desenvolvem e empregam uma variedade de estratégias comportamentais para minimizar os efeitos adversos do calor intenso. Essas estratégias são fundamentais para a sobrevivência e o bem-estar dos animais. A seguir, exploramos as principais abordagens comportamentais adotadas para lidar com o estresse térmico.

### 7.3.1. Busca de refúgio e sombras

Uma das estratégias mais comuns para reduzir o estresse térmico é a busca ativa por áreas sombreadas ou abrigos frescos. Animais selvagens e domesticados frequentemente procuram refúgios naturais, como árvores, arbustos e cavernas, que oferecem sombra e resfriamento. Por exemplo, elefantes podem usar galhos e folhas para criar áreas de sombra improvisadas e se refugiar em locais frescos durante as horas mais quentes do dia (Miller *et al.*, 2011). Em ambientes de produção, como em fazendas, a instalação de estruturas de sombra e abrigos é uma prática comum para proteger o gado do calor (Norris *et al.*, 2018).

### 7.3.2. Atividade noturna e ajustes de horário

Muitos animais ajustam seus padrões de atividade para evitar as temperaturas mais altas do dia. Espécies que habitam regiões quentes e áridas frequentemente se tornam noturnas ou crepusculares, realizando atividades principais durante a noite ou nas primeiras horas da manhã e ao entardecer. Por exemplo, roedores do deserto e certos répteis são noturnos para evitar o calor extremo do meio-dia (Miller *et al.*, 2011). Esse comportamento reduz a exposição ao calor intenso e diminui o risco de desidratação e superaquecimento.

### 7.3.3. Comportamentos de termorregulação ativa

Animais utilizam comportamentos de termorregulação ativa para controlar a temperatura corporal. Esses comportamentos incluem a busca de superfícies frias para deitar-se, como solos úmidos ou pedras frias, e o uso de água para se resfriar. Cães e gatos, por exemplo, frequentemente se deitam em pisos frios ou se molham em água para dissipar o calor (Liu *et al.*, 2022). Outros animais, como bovinos, podem rolar em lama para proteger sua pele e ajudar na regulação térmica (Hoffmann *et al.*, 2018).

### 7.3.4. Modulação da dieta e hidratação

A ingestão de alimentos e água também é ajustada em resposta ao estresse térmico. Animais podem reduzir a ingestão de alimentos durante períodos de calor extremo para evitar o aumento da temperatura interna devido ao processo digestivo. Herbívoros em áreas quentes podem consumir alimentos com maior teor de água ou procurar fontes de água fresca com mais frequência para evitar a desidratação (Gordon *et al.*, 2021). A gestão adequada da hidratação é crítica, pois a água é essencial para a regulação da temperatura e para prevenir a desidratação.

### 7.3.5. Comportamento de mudança de *habitat*

Algumas espécies têm a capacidade de migrar ou mudar temporariamente de *habitat* para evitar as condições de calor extremo. Animais migratórios podem alterar seus padrões de movimentação para se deslocar para regiões mais frescas durante os períodos de calor intenso. Por exemplo, certas aves e mamíferos migram para altitudes mais elevadas ou latitudes mais altas para encontrar condições mais amenas (Dunbar; Shultz, 2010). Em contextos domésticos, o fornecimento de ambientes controlados, como áreas climatizadas para animais de estimação, pode ser uma solução alternativa.

### 7.4. Adaptação e aprendizagem no contexto do estresse térmico

A adaptação e a aprendizagem são processos críticos para a mitigação do estresse térmico em animais. À medida que as temperaturas extremas se tornam mais frequentes devido às mudanças climáticas, a capacidade dos animais de adaptar seus comportamentos e aprender novas estratégias para lidar com o calor é fundamental para sua sobrevivência e seu bem-estar. A seguir, exploramos como a adaptação comportamental e a aprendizagem influenciam a resposta dos animais ao estresse térmico, apoiados por referências atuais e estudos relevantes.

### 7.4.1. Adaptação comportamental a condições térmicas extremas

Animais expostos a condições térmicas extremas frequentemente desenvolvem comportamentos adaptativos que ajudam a reduzir o impacto do calor intenso. Esses comportamentos incluem a modificação dos padrões de atividade, como a mudança para períodos mais frescos do dia e a busca por recursos que proporcionam alívio térmico. Estudos recentes destacam que esses comportamentos adaptativos são essenciais para a sobrevivência em ambientes cada vez mais quentes.

Por exemplo, um estudo de Zhang *et al.* (2020) investigou a adaptação de bovinos ao estresse térmico em regiões de clima quente. Os resultados mostraram que os bovinos ajustam seus horários de pastoreio para evitar as horas mais quentes do dia e buscam áreas de sombra e água com maior eficiência durante os períodos de calor extremo. Esse ajuste comportamental é uma resposta adaptativa que reduz a exposição ao estresse térmico e melhora o bem-estar dos animais (Zhang *et al.*, 2020).

### 7.4.2. Aprendizagem e comportamento adaptativo

A aprendizagem desempenha uma função importante na adaptação ao estresse térmico. Animais que enfrentam regularmente condições de calor intenso podem aprender a identificar e utilizar melhor os recursos disponíveis, como fontes de água e áreas sombreadas. Esse processo de aprendizagem pode ser observado em diversas espécies, desde animais domésticos até vida selvagem.

Um estudo conduzido por Miller *et al.* (2021) demonstrou que os cães expostos a condições de calor extremo aprenderam a procurar áreas frescas e a ajustar seus comportamentos para evitar o calor. Esses animais mostraram uma capacidade notável de adaptar suas rotinas diárias com base nas experiências anteriores de calor, evidenciando um processo de aprendizagem que ajuda a minimizar o impacto do estresse térmico (Miller *et al.*, 2021).

### 7.5. Considerações finais

O comportamento animal em um contexto bioclimatológico revela a estreita relação entre as condições climáticas e as respostas adaptativas dos animais. Mudanças na temperatura, na umidade e na disponibilidade de recursos desempenham um papel fundamental na modulação desses comportamentos, essenciais para a sobrevivência e o bem-estar das espécies. A capacidade dos animais de ajustar suas ações para enfrentar condições extremas, como variações térmicas, é crucial e inclui modificações nos padrões de atividade, busca por recursos que ofereçam alívio térmico, além de comportamentos de conservação de água e forrageamento.

A aprendizagem e a adaptação comportamental também são fundamentais na mitigação do estresse térmico. A plasticidade comportamental e as estratégias adaptativas, como a busca por sombra e os ajustes no horário de atividade, permitem que os animais se ajustem às novas condições térmicas, especialmente em face das mudanças climáticas. À medida que o clima evolui, compreender essas adaptações se torna cada vez mais relevante para a gestão e a conservação da vida selvagem, pois práticas que favoreçam esses comportamentos podem melhorar a resiliência animal e proteger a biodiversidade. O contínuo avanço da pesquisa nesse campo é vital para antecipar e mitigar os impactos das mudanças climáticas sobre os ecossistemas e as espécies.

# CAPÍTULO 8: INFLUÊNCIA DA BIOCLIMATOLOGIA NO SURGIMENTO DE NOVAS TECNOLOGIAS

## 8.1. Introdução às novas tecnologias

De acordo com a importância crescente das inovações tecnológicas, este capítulo explora a influência da Bioclimatologia no surgimento de novas tecnologias aplicadas não apenas à produção animal, mas também ao cuidado e ao bem-estar de animais de estimação. Nos últimos anos, o avanço tecnológico tem revolucionado esses setores, trazendo soluções que vão além da eficiência produtiva, promovendo sustentabilidade, bem-estar e um manejo mais ético e responsável (Gerber *et al.*, 2013; Fraser, 2008).

A Bioclimatologia, que estuda as interações entre o clima e os organismos vivos, tem desenvolvido tecnologias que mitigam os impactos das mudanças climáticas e asseguram melhores condições de vida aos animais. Este capítulo examina como essas inovações estão sendo implementadas em diferentes áreas, como suinocultura, avicultura, bovinocultura e ovinocultura, bem como na gestão de animais de estimação.

Ao integrar sistemas avançados de monitoramento, inteligência artificial e dispositivos automatizados, as novas tecnologias oferecem ferramentas que melhoram a saúde e o conforto dos animais, além de otimizar a gestão ambiental e os recursos naturais (Fraser, 2008). O impacto dessas inovações não se limita à produção animal; ele também transforma a maneira como interagimos e cuidamos de nossos animais de estimação, proporcionando um bem-estar superior e um maior controle sobre suas necessidades diárias.

Nesse contexto, serão discutidos os principais avanços tecnológicos, suas aplicações práticas e os desafios éticos e socioeconômicos associados à sua implementação. O objetivo é fornecer uma visão abrangente sobre o papel das novas tecnologias na construção de um futuro mais sustentável e responsável, considerando as particularidades de cada setor (Gerber et al., 2013).

### 8.2. Definição de novas tecnologias e sua importância na modernização da produção animal

As novas tecnologias podem ser definidas como qualquer avanço que introduza métodos mais eficazes, automatizados e precisos para monitorar, gerenciar e otimizar processos na produção animal. Esses avanços são fundamentais diante dos desafios atuais enfrentados pela indústria, que incluem a necessidade de aumentar a produtividade para atender à demanda global por alimentos de origem animal, garantindo ao mesmo tempo práticas sustentáveis que minimizem o impacto ambiental.

Um dos principais contextos que impulsionam a adoção de novas tecnologias na produção animal é a necessidade de lidar com um crescimento populacional mundial e a urbanização acelerada, que pressionam os recursos naturais e a disponibilidade de terras agrícolas. Além disso, mudanças climáticas e preocupações com o bem-estar animal têm levado os produtores a buscarem métodos mais eficientes e éticos de produção.

As novas tecnologias oferecem soluções como sistemas avançados de monitoramento e controle ambiental que são métodos inovadores de manejo nutricional e genético. Por exemplo, o uso de sensores inteligentes para monitorar a saúde e o comportamento dos animais permite uma intervenção precoce em casos de doenças, melhorando o bem-estar animal e reduzindo perdas econômicas (Smith et al., 2021).

Além disso, técnicas de alimentação precisas e personalizadas, apoiadas por algoritmos e modelos preditivos, garantem uma nutrição adequada e eficiente para maximizar o crescimento e a produção de cada animal individualmente (Brown et al.,

2020). Isso não só melhora os índices de conversão alimentar, mas também reduz o desperdício de recursos e a emissão de gases de efeito estufa associados à produção animal.

Outro exemplo importante são as tecnologias de gestão de resíduos, como os biodigestores, que permitem o aproveitamento de dejetos animais para a produção de biogás e biofertilizantes, contribuindo para a redução da pegada ambiental da produção animal (Jones; Miller, 2019).

Desse modo, as novas tecnologias estão transformando a produção animal, tornando-a mais eficiente, sustentável e adaptada aos desafios do século XXI. As próximas seções investigarão em detalhes como essas inovações estão sendo aplicadas nas diversas áreas da produção animal, delineando seu impacto positivo no setor e suas perspectivas futuras para um desenvolvimento ainda mais sustentável e responsável.

### 8.3. Novas tecnologias na produção animal

Na produção animal, as novas tecnologias englobam desde sistemas avançados de monitoramento e automação até técnicas de manejo nutricional e genético de ponta. Sensores inteligentes são utilizados para monitorar a saúde e o comportamento dos animais em tempo real, permitindo intervenções rápidas e precisas em casos de doenças ou estresse.

### 8.3.1. Suinocultura

Sensores ambientais são utilizados para monitorar a temperatura, a umidade e a qualidade do ar dentro dos galpões de suínos, assegurando condições ideais para o crescimento e a saúde dos animais (Johnson *et al.*, 2020). Além disso, sistemas de alimentação automatizada ajustam a quantidade e a composição da ração com base nas necessidades nutricionais específicas de cada fase de crescimento dos suínos, o que melhora a eficiência alimentar e reduz custos (Aarnink; Verstegen; Van der Peet-Schwering, 2017).

**Figura 8.1.** Esquema ilustrativo de sensores de monitoramento e sistemas de alimentação automatizada em um galpão de suínos

Fonte: Elaborada pela autora, 2024.

### 8.3.2. Avicultura

Plataformas digitais são utilizadas para integrar dados relacionados à produção, à saúde e ao bem-estar das aves, possibilitando uma gestão precisa e preventiva, além de facilitar o cumprimento das normas regulatórias (Marchewka *et al.*, 2019). A implementação de biodigestores nas granjas avícolas permite o tratamento de resíduos orgânicos, convertendo-os em biogás e fertilizantes, o que contribui para a redução da pegada de carbono e dos custos associados à eliminação de resíduos (Alibardi *et al.*, 2021).

### 8.3.3. Bovinocultura

Sensores *wearables* possibilitam o monitoramento contínuo da saúde e do bem-estar dos bovinos, permitindo a detecção precoce de problemas de saúde e otimizando o manejo (Halachmi *et al.*, 2019). Além disso, tecnologias avançadas de formulação de dietas específicas, conhecidas como sistemas de nutrição pressionada, melhoram a eficiência na conversão alimentar e reduzem o desperdício de alimentos, contribuindo para a sustentabilidade econômica e ambiental das fazendas (Keady *et al.*, 2016).

**Figura 8.2.** Imagem representativa de monitoramento contínuo de saúde e bem-estar animal

Fonte: Elaborada pela autora, 2024.

### 8.3.4. Ovinocultura e caprinocultura

A identificação individual dos ovinos por meio de rastreamento por RFID (*Radio Frequency Identification*) facilita o monitoramento do rebanho, a gestão do manejo e a rastreabilidade dos produtos (Vallejo *et al.*, 2020). Além disso, tecnologias de climatização proporcionam ambientes confortáveis para os ovinos e caprinos, promovendo melhores desempenho e saúde animal (Hergert *et al.*, 2018). Essas inovações tecnológicas são essenciais para otimizar a produção e o bem-estar dos animais nas fazendas.

**Figura 8.3.** Novas tecnologias e suas estratégias na produção de pequenos ruminantes

Fonte: Elaborada pela autora, 2024.

### 8.3.5. Animais de estimação

No cuidado com animais de estimação, as novas tecnologias oferecem dispositivos e aplicativos que facilitam o monitoramento da saúde, da atividade e da localização dos *pets*. Desde *wearables* que fornecem dados contínuos sobre o bem-estar do animal até sistemas automatizados de alimentação e climatização, proprietários e cuidadores têm à disposição ferramentas que melhoram a qualidade de vida e a interação com seus companheiros.

#### 8.3.5.1. Monitoramento de saúde

• **FitBark:** dispositivo *wearable* que monitora atividade física, qualidade do sono e comportamento do animal, oferecendo *insights* sobre o bem-estar do *pet* (lançado em 2013).

**Figura 8.4.** Exemplo de *wearables* utilizados para monitoramento de cães e gatos

Fonte: Elaborada pela autora, 2024.

### 8.3.5.2. Sistemas automatizados de alimentação

• **Petnet SmartFeeder:** lançado em 2015, é um alimentador automático que permite aos donos programarem horários precisos de alimentação e controlarem as porções de comida por meio de um aplicativo móvel, garantindo uma nutrição adequada mesmo quando não estão em casa.

**Figura 8.5.** Modelo de alimentador automático para animais de estimação

Fonte: Elaborada pela autora, 2024.

### 8.3.5.3. Sistemas inteligentes

• **SureFlap Microchip Pet Door Connect:** lançada em 2018, é uma porta para animais de estimação que se conecta ao *smartphone* do dono via aplicativo, permitindo controlar o acesso do animal e monitorar sua atividade ao entrar e sair de casa.

**Figura 8.6.** Porta inteligente utilizada para acesso de cães e gatos com controle dos tutores

Fonte: Elaborada pela autora, 2024.

### 8.3.5.4 Monitoramento de localização

• **Whistle GO Explore:** é um dispositivo GPS, lançado em 2049, que se fixa à coleira do *pet* e fornece rastreamento contínuo da localização do animal, permitindo que os donos saibam onde seus *pets* estão a qualquer momento.

### 8.3.5.5. Câmeras de monitoramento interativo

• **Furbo Dog/Cat Camera:** é uma câmera interativa que permite aos donos verem, falarem e lançarem petiscos para seus cães remotamente, por meio de um aplicativo, proporcionando interação e conforto mesmo quando estão fora de casa. Foi lançada em 2016.

**Figura 8.7.** Câmeras para monitoramento em tempo real de animais domésticos

Fonte: Elaborada pela autora, 2024.

### 8.4. Impacto das novas tecnologias na produção animal

A introdução das novas tecnologias na produção animal está revolucionando o setor de maneiras profundas e multifacetadas. Desde a redução da dependência de mão de obra humana por meio da automação até a implementação de sistemas de monitoramento precisos que otimizam cada fase do processo produtivo, as inovações tecnológicas estão moldando um futuro mais eficiente e sustentável para a agricultura. Abaixo indicamos alguns dos principais impactos relacionados às novas tecnologias na produção animal:

> • **Menos mão de obra e mais exatidão:** a automação reduz a dependência de mão de obra humana, enquanto sistemas de monitoramento e controle oferecem maior precisão nos processos de produção (Banhazi *et al.*, 2019).
> • **Nutrição e alimentação:** a tecnologia na nutrição animal permite dietas mais balanceadas, melhorando o desempenho dos animais e reduzindo o desperdício de alimentos (NRC, 2016).
> • **Tratamento de resíduos:** biodigestores transformam resíduos orgânicos em biogás e fertilizantes, promovendo práticas sustentáveis e reduzindo a emissão de gases de efeito estufa (Banks *et al.*, 2019).
>
> • **Práticas sustentáveis:** a adoção de tecnologias como biodigestores e sistemas de monitoramento contribui significativamente para práticas agrícolas mais sustentáveis, alinhadas com as exigências ambientais globais (Gerber *et al.*, 2013).

### 8.5. Desafios e considerações éticas das novas tecnologias na produção animal

O avanço das novas tecnologias na produção animal representa um marco significativo para a eficiência e a sustentabilidade do setor, mas também traz consigo desafios éticos, legais e socioeconômicos que necessitam de atenção cuidadosa. Desde biotecnologias avançadas até sistemas automatizados de gestão e monitoramento, essas inovações têm o potencial de transformar fundamentalmente como os animais são criados e manejados, suscitando discussões profundas sobre bem-estar animal, justiça social e responsabilidade ambiental.

Um dos aspectos éticos preeminentes envolve o bem-estar animal. Tecnologias como sistemas de monitoramento contínuo e inteligência artificial podem melhorar a saúde e o conforto dos animais, permitindo intervenções mais ágeis em situações de doença ou estresse. Contudo, o uso extensivo dessas tecnologias levanta questões sobre a privacidade e a liberdade dos animais, além de provocar debates sobre a naturalidade do ambiente de criação (Fraser, 2008).

Os desafios legais e regulatórios acompanham de perto essa evolução tecnológica. Frequentemente, as legislações existentes não conseguem acompanhar o ritmo das inovações, resultando em lacunas regulatórias que comprometem a proteção dos animais, dos consumidores e do meio ambiente (Devos *et al.*, 2021). É fundamental desenvolver políticas robustas que garantam a segurança e a ética no uso dessas tecnologias, equilibrando inovação com responsabilidade.

Além das considerações éticas e legais, as novas tecnologias também apresentam desafios socioeconômicos significativos, especialmente em comunidades rurais dependentes da agricultura e da produção animal. A automação e a digitalização prometem aumentar a eficiência e reduzir custos operacionais, mas levantam preocupações sobre o impacto no emprego rural e na qualidade de vida local (Milestad *et al.*, 2010). É essencial abordar essas questões de forma holística ao implementar novas tecnologias, priorizando o desenvolvimento sustentável e inclusivo das áreas rurais.

Por fim, as novas tecnologias na produção animal devem ser avaliadas não apenas por seu potencial de aumentar a produtividade e reduzir impactos ambientais, mas também por seu alinhamento com princípios éticos e valores sociais. Um diálogo contínuo entre produtores, pesquisadores, legisladores e sociedade civil é imprescindível para assegurar que essas inovações sejam aplicadas de maneira responsável e benéfica para todos os envolvidos, garantindo um futuro sustentável e ético para a produção animal.

## 8.6. Estudos de caso e exemplos práticos de implementação

A aplicação de novas tecnologias na produção animal tem demonstrado impactos significativos em diversos setores, oferecendo soluções inovadoras para desafios preexistentes e promovendo práticas mais eficientes e sustentáveis. A seguir, apresentam-se estudos de caso exemplares que ilustram o sucesso na implementação dessas tecnologias em diferentes áreas da produção animal, seguidos de lições aprendidas e recomendações para adoção prática.

### 8.6.1. Monitoramento inteligente na avicultura

Na avicultura, a utilização de sistemas de monitoramento inteligente tem revolucionado a gestão de parâmetros ambientais e de saúde das aves. Um exemplo é a integração de sensores IoT (Internet das Coisas) para monitorar temperatura, umidade e qualidade do ar nos galpões avícolas. Isso otimiza as condições de criação, reduzindo o estresse térmico e melhorando o bem-estar das aves, como também permite uma resposta rápida a alterações ambientais que poderiam afetar a produção.

A implementação de tecnologias de monitoramento requer investimento inicial significativo, mas os benefícios a longo prazo em termos de eficiência produtiva e bem-estar animal compensam os custos. É fundamental adaptar as soluções tecnológicas às necessidades específicas de cada operação avícola e garantir uma integração adequada com os sistemas de gestão existentes.

### 8.6.2. Automação na bovinocultura leiteira

A automação tem desempenhado um papel fundamental na bovinocultura leiteira, especialmente em fazendas de alta produção. Um exemplo é a adoção de sistemas automatizados de ordenha, como robôs de ordenha, que permitem que as vacas sejam ordenhadas de forma voluntária e autônoma. A fazenda

ABC, localizada na Holanda, implementou robôs de ordenha em 2018 e observou uma melhoria na saúde das vacas devido à ordenha mais frequente e menos estressante. Além disso, a automação reduziu os custos trabalhistas e permitiu uma gestão mais eficiente do rebanho, resultando em um aumento de 20% na produção de leite nos primeiros dois anos de operação.

A transição para a automação requer planejamento cuidadoso, incluindo adaptação das instalações, treinamento dos funcionários e monitoramento constante do desempenho dos sistemas automatizados. A manutenção preventiva é essencial para evitar falhas operacionais que possam afetar a produção.

Produtores de leite interessados em adotar a automação devem avaliar o retorno sobre o investimento a longo prazo, considerar as necessidades específicas de seu rebanho e buscar consultoria especializada para implementar e integrar sistemas automatizados de maneira eficaz.

### 8.6.3. Monitoramento inteligente de saúde em animais de estimação

Empresas e *startups* têm desenvolvido dispositivos IoT específicos para monitorar a saúde e o comportamento de animais de estimação em tempo real. Um caso exemplar é o uso de coleiras inteligentes equipadas com sensores que monitoram atividade física, frequência cardíaca, padrões de sono e até mesmo a temperatura corporal do animal. Esses dados são transmitidos para aplicativos móveis, permitindo que os proprietários monitorem remotamente o estado de saúde de seus animais e recebam alertas precoces em caso de anomalias.

Um exemplo prático é a coleira inteligente da empresa Pet-Tech, que foi adotada por muitos proprietários de cães e gatos nos Estados Unidos. A coleira não só monitora a atividade diária do animal, ajudando a garantir que ele receba exercícios adequados, mas também detecta mudanças sutis na saúde, como alterações na frequência cardíaca que podem indicar problemas cardíacos ou respiratórios. Proprietários e veterinários podem acessar essas informações em tempo real por meio de um aplicativo, permitindo intervenções rápidas e precisas para garantir o bem-estar dos animais.

A implementação de tecnologias inteligentes em animais de estimação requer considerações específicas relacionadas ao comportamento e às necessidades individuais de cada animal. Adaptar a tecnologia para garantir conforto e segurança é crucial para a aceitação pelo animal e pelos proprietários.

Tutores de animais de estimação interessados em adotar tecnologias inteligentes devem procurar por dispositivos confiáveis e compatíveis com as necessidades de seus animais. É essencial também considerar a privacidade dos dados e a segurança das informações coletadas, garantindo que o uso dessas tecnologias beneficie tanto os animais quanto seus cuidadores.

### 8.7. Considerações finais

Esses estudos de caso destacam como a adoção de novas tecnologias pode transformar positivamente tanto a produção animal quanto o cuidado com animais de estimação. Ao implementar tecnologias inteligentes, como no caso das coleiras inteligentes para monitoramento de saúde em *pets*, percebe-se um avanço significativo na eficiência dos cuidados, na redução dos impactos ambientais e na promoção do bem-estar dos animais. A aplicação dessas inovações não apenas melhora a saúde e a qualidade de vida dos animais, mas também fortalece o vínculo entre proprietários e seus *pets*, facilitando intervenções precoces em problemas de saúde e garantindo uma abordagem mais proativa nos cuidados diários.

Para proprietários interessados em adotar essas tecnologias, é fundamental escolher dispositivos confiáveis que atendam às necessidades específicas de seus animais. Além disso, é importante considerar a segurança e a privacidade dos dados coletados, garantindo que o uso das tecnologias seja benéfico tanto para os animais quanto para seus cuidadores. Essa abordagem cuidadosa na implementação das novas tecnologias assegura que os benefícios sejam maximizados de maneira sustentável e ética, promovendo uma melhor qualidade de vida e saúde para os *pets*, ao mesmo tempo em que fortalece o engajamento e a responsabilidade dos proprietários na gestão dos cuidados veterinários.

# CAPÍTULO 9: ESTUDOS DE CASOS RELACIONADOS À INFLUÊNCIA DA BIOCLIMATOLOGIA NA PRODUÇÃO ANIMAL E PARA ANIMAIS DE ESTIMAÇÃO

## 9.1. Introdução

Os estudos de casos em Bioclimatologia representam uma importante ferramenta para analisar, na prática, como as variáveis ambientais afetam o bem-estar e o desempenho dos animais. Este capítulo reúne os casos mais relevantes e adequados ao conteúdo deste livro, oferecendo uma visão aprofundada das estratégias de manejo ambiental para diferentes espécies. A diversidade de situações abordadas reflete o vasto corpo de pesquisa existente, demonstrando como o tema tem sido amplamente estudado e aplicado.

A escolha dos casos deste capítulo não apenas ilustra os conceitos importantes, mas também destaca a relevância da Bioclimatologia em diferentes contextos. Em áreas como a produção animal e o cuidado com animais de estimação, a compreensão do impacto ambiental tem se mostrado fundamental para otimizar práticas de manejo e melhorar a qualidade de vida dos animais.

Neste capítulo, serão apresentados alguns estudos que evidenciam a relevância da Bioclimatologia nas áreas de Medicina Veterinária e Zootecnia. Esses casos exemplificam como a compreensão do ambiente pode ser aplicada diretamente na melhoria do manejo e no cuidado com os animais, destacando a necessidade de mais pesquisas que explorem ainda mais as interações entre os animais e seu meio. A partir desses exemplos, fica claro como a Bioclimatologia é essencial para o avanço desses campos e para o desenvolvimento de práticas cada vez mais eficientes e sustentáveis.

## 9.2. Suinocultura

Os sistemas de resfriamento evaporativo são tecnologias essenciais para mitigar o estresse térmico em suínos e outros animais de produção. Eles funcionam pela evaporação da água, onde o ar quente passa por um meio evaporativo úmido, como almofadas porosas ou cortinas molhadas. Esse processo retira calor do ar, reduzindo assim a temperatura ambiente de forma eficaz. Esses sistemas são especialmente eficientes em áreas com temperaturas elevadas e baixa umidade relativa do ar. Estudos como o realizado por St-Pierre *et al.* (2003) demonstram que a combinação de aspersão de água e ventilação adequada pode melhorar o bem-estar dos suínos além de otimizar seu desempenho, proporcionando um ambiente mais confortável e menos estressante durante períodos de calor intenso.

Além do resfriamento evaporativo, a utilização de dietas específicas pode desempenhar um papel crucial na mitigação do estresse térmico em suínos. Segundo Renaudeau *et al.* (2012), indicam que dietas suplementadas com ingredientes que melhoram a capacidade antioxidante e reduzem o estresse oxidativo podem ser eficazes na adaptação dos suínos a condições climáticas adversas.

Essas dietas frequentemente incluem aditivos como vitaminas (por exemplo, vitamina C e E), minerais (selênio e zinco) e compostos bioativos, como polifenóis e flavonoides, que são conhecidos por seus efeitos antioxidantes. Esses componentes ajudam a neutralizar os radicais livres produzidos durante o estresse térmico, reduzindo assim o impacto negativo no organismo dos suínos.

Além dos antioxidantes, outras estratégias dietéticas podem incluir a modificação dos níveis de energia, proteína e aminoácidos na dieta dos suínos para ajudar a ajustar seu metabolismo e aumentar sua resistência ao estresse térmico. Por exemplo, a inclusão de fontes de energia facilmente digeríveis pode ajudar a reduzir a carga metabólica durante períodos de calor intenso.

A combinação de resfriamento evaporativo com dietas específicas e suplementação adequada pode oferecer uma abordagem integrada e eficaz para minimizar os efeitos adversos do estresse térmico em suínos, promovendo assim seu bem-estar e desempenho sob condições climáticas desfavoráveis.

### 9.3. Avicultura

Em sistemas modernos de produção de aves, a implementação de sistemas de controle ambiental automatizados é fundamental para otimizar as condições térmicas dentro dos galpões, melhorando tanto a produtividade quanto o bem-estar das aves. Esses sistemas utilizam sensores de ambiente estrategicamente posicionados para monitorar variáveis essenciais como temperatura, umidade relativa, velocidade do ar e qualidade do ar.

Os sensores fornecem dados em tempo real, que são utilizados para ajustar automaticamente sistemas de ventilação, resfriamento e aquecimento. Por exemplo, em climas quentes, sistemas de nebulização ou aspersão de água são acionados automaticamente quando sensores detectam temperaturas elevadas, promovendo a redução da temperatura dentro dos galpões por meio da evaporação. Da mesma forma, durante períodos frios, sistemas de aquecimento são ajustados para manter as aves dentro da zona de conforto térmico.

Além de controlar a temperatura, alguns sistemas também monitoram a qualidade do ar dentro dos galpões, ajustando a ventilação para garantir níveis adequados de gases como amônia e dióxido de carbono. Esses sistemas não apenas melhoram a produtividade das aves, otimizando seu crescimento e a taxa de postura, mas também contribuem para a redução de custos operacionais ao utilizar de maneira mais eficiente recursos como energia e água.

A capacidade de monitoramento remoto permite que os produtores façam ajustes rápidos e precisos, mesmo à distância, garantindo um ambiente saudável e confortável para as aves ao longo de todas as estações do ano. Essa abordagem é respaldada por pesquisas, como a de Xin *et al.* (2011), que destacam os benefícios significativos desses sistemas integrados para a moderna produção avícola.

Junto aos sistemas de controle ambiental, a adaptação genética das aves para resistência ao calor emerge como uma estratégia promissora na produção avícola moderna. Pesquisas como a de Sahin *et al.* (2009) sublinham a importância da seleção genética para características que promovem melhor dissipação de calor e maior tolerância ao estresse térmico em aves de produção. Por meio da seleção criteriosa de características genéticas, como maior eficiência na termorregulação e capacidade de adaptar-se a variações climáticas extremas, os criadores podem desenvolver linhagens avícolas mais resistentes ao calor.

Lara e Rostagno (2013) também exploram estratégias genéticas e nutricionais para melhorar a resistência ao calor em aves, destacando a necessidade contínua de pesquisa para maximizar a adaptação das aves às condições ambientais variáveis encontradas na produção moderna.

### 9.4. Bovinos de corte

O estresse térmico é um dos principais fatores que comprometem o desempenho de bovinos. Sob calor extremo, há uma diminuição no consumo de alimentos e na eficiência alimentar, afetando o ganho de peso e a qualidade da carne. Além disso, o aumento nos níveis de cortisol devido ao estresse térmico compromete o sistema imunológico, tornando os animais mais suscetíveis a doenças infecciosas e metabólicas. Estratégias de manejo, como a utilização de sombras, aspersores e ventiladores, têm se mostrado eficazes na mitigação desses efeitos, promovendo um ambiente mais confortável e produtivo (Nzeyimana *et al.*, 2023; Gerber *et al.*, 2023).

Estudos recentes enfatizam a importância de oferecer sombra para bovinos de corte, especialmente em regiões com verões intensos. Bovinos com acesso à sombra apresentaram taxas de respiração 30% menores e um ganho de peso diário 7,5% superior em comparação com aqueles mantidos sob luz solar direta. Além disso, a sombra também teve impacto positivo no comportamento dos animais, reduzindo a incidência de agressividade e promovendo uma melhoria na qualidade das carcaças, com menor prevalência de *dark cutters* (Burnett Center, 2024). Esses resultados reforçam a importância do conforto térmico não apenas para a saúde dos animais, mas também para a eficiência produtiva e a qualidade final do produto.

Durante ondas de calor, a mortalidade em rebanhos sem sombra pode ser até 20 vezes maior do que em lotes sombreados. Isso enfatiza o papel crucial da sombra não apenas na mitigação do estresse térmico, mas também na manutenção da eficiência produtiva e na melhoria da lucratividade do sistema de produção (Hayes *et al.*, 2017).

A saúde dos bovinos é profundamente influenciada pelo clima. Altas temperaturas aumentam o risco de doenças respiratórias e problemas metabólicos, especialmente em animais jovens. Intervenções nutricionais, como a suplementação de antioxidantes e minerais, têm se mostrado eficazes em mitigar os efeitos do estresse oxidativo, promovendo a imunidade e a saúde geral dos bovinos (Gerber *et al.*, 2023).

Avanços tecnológicos, como o uso de sensores para monitoramento de temperatura, umidade e comportamento animal, têm revolucionado a Bioclimatologia aplicada. Esses sistemas fornecem dados em tempo real, permitindo ajustes rápidos no ambiente de criação, o que resulta em maior estabilidade térmica e melhora significativa no bem-estar e da produtividade dos bovinos (Takahashi *et al.*, 2021).

A reprodução também é diretamente afetada pelas condições climáticas. O estresse térmico compromete a fertilidade, reduzindo a qualidade do sêmen e as taxas de concepção. Estudos mostram que a utilização de sistemas de resfriamento evaporativo nas áreas de reprodução pode melhorar significativamente esses índices, assegurando maior eficiência reprodutiva (Singh *et al.*, 2022).

### 9.5. Bovinos de leite

Em sistemas avançados de manejo de bovinos leiteiros, a aplicação de técnicas de controle ambiental é vital para garantir condições ideais nas instalações de ordenha, promovendo não apenas o bem-estar dos animais, mas também a eficiência produtiva.

Sensores estrategicamente posicionados monitoram variáveis como temperatura, umidade relativa e qualidade do ar em tempo real, possibilitando ajustes automáticos nos sistemas de ventilação e resfriamento. Por exemplo, em climas quentes, sistemas de resfriamento por nebulização são acionados automaticamente para reduzir a temperatura interna, proporcionando um ambiente mais confortável para as vacas durante a ordenha.

Além de controlar o ambiente térmico, esses sistemas também regulam a qualidade do ar, ajustando a ventilação para manter níveis adequados de gases como amônia e dióxido de carbono. Essas práticas melhoram o desempenho dos bovinos leiteiros, otimizando sua produção de leite, assim como contribuem para a eficiência operacional ao utilizar recursos como energia e água de maneira mais econômica.

A capacidade de monitoramento remoto permite aos produtores realizarem ajustes precisos mesmo a distância, garantindo um ambiente saudável e estável para as vacas ao longo de todas as estações do ano. Pesquisas recentes, como as de Oliveira *et al.* (2017), destacam os benefícios significativos desses sistemas integrados para a moderna produção de bovinos leiteiros, reforçando a importância contínua da inovação tecnológica nesse setor.

Paralelamente aos avanços em controle ambiental, a seleção genética emerge como uma estratégia promissora para aumentar a resistência ao estresse térmico em bovinos leiteiros. Estudos como os de Tao *et al.* (2012) sublinham a importância de programas de nutrição e manejo genético para otimizar a adaptação dos animais às condições ambientais variáveis encontradas na produção moderna.

Essas abordagens integradas não só melhoram o bem-estar e a produtividade dos bovinos leiteiros, mas também sustentam o avanço contínuo da agricultura de precisão, alinhando-se às demandas crescentes por eficiência e sustentabilidade na produção de alimentos.

### 9.6. Aves de corte e ovos

Em condições de calor excessivo, as aves de corte e poedeiras são particularmente suscetíveis ao estresse térmico. Temperaturas elevadas reduzem a capacidade das aves de regular sua temperatura corporal, levando a um aumento na respiração e a perda de apetite (Lara; Rostagno, 2013). O estresse térmico também compromete a eficiência alimentar e o ganho de peso das aves de corte, resultando em menor produtividade e custos adicionais com alimentação (Kaplan; Mert, 2019). Além disso, o calor excessivo pode afetar negativamente a qualidade dos ovos, alterando suas características físicas e reduzindo a taxa de postura das poedeiras (Lin *et al.*, 2020). A incidência de doenças, como a ascite, e a mortalidade também podem aumentar sob condições de estresse térmico severo (Sahin *et al.*, 2018).

Para mitigar os efeitos adversos do calor na produção avícola, diversas estratégias podem ser implementadas. A ventilação adequada é essencial para manter um ambiente interno confortável e bem ventilado nas instalações das aves (Dawkins, 2020). O controle da umidade relativa dentro dos galpões também ajuda a reduzir o estresse térmico (Borges, 2019). O acesso contínuo a água limpa e fresca é determinante para garantir a hidratação das aves durante períodos de calor intenso (Farinu *et al.*, 2021). Além disso, é importante formular dietas adaptadas que atendam às necessidades nutricionais específicas das aves durante o estresse por calor, com suplementação de eletrólitos e ajustes no conteúdo energético da ração (Lara; Rostagno, 2013).

Em contraste, o frio extremo apresenta desafios significativos para a produção avícola. Baixas temperaturas exigem maior consumo de energia pelas aves para manter a temperatura corporal adequada, o que pode resultar em maior demanda por alimentos e menor eficiência na conversão alimentar (Niu *et al.*, 2019). A exposição ao frio intenso também aumenta o risco de doenças respiratórias, como bronquite e pneumonia, afetando tanto o crescimento das aves de corte quanto a produção de ovos (Lam *et al.*, 2021).

Estratégias para redução dos impactos do estresse por frio incluem o isolamento térmico das instalações das aves para garantir proteção contra correntes de ar e umidade (Borges, 2019). Fornecer aquecimento suplementar nas áreas de descanso das aves e durante períodos de frio extremo também é recomendado (Dawkins, 2020). Além disso, estruturas que ofereçam abrigo contra o vento e o frio, como galpões bem projetados, são fundamentais (Farinu *et al.*, 2021). Aumentar a vigilância contra doenças respiratórias e outras condições relacionadas ao estresse térmico negativo, com medidas preventivas e planos de saúde animal, completa as estratégias para minimizar os impactos do frio na produção avícola (Niu *et al.*, 2019).

### 9.7. Animais de estimação

Para cuidar adequadamente dos animais de estimação, como cães e gatos, em face de desafios climáticos, é crucial adotar sistemas avançados de controle ambiental. Esses sistemas são projetados para otimizar as condições térmicas dentro dos ambientes internos, melhorando significativamente o conforto e o bem-estar dos *pets*. Utilizando sensores estrategicamente posicionados, eles monitoram variáveis críticas como temperatura, umidade relativa, qualidade do ar e velocidade do ar em tempo real.

Os dados coletados pelos sensores são utilizados automaticamente para ajustar sistemas de ventilação, resfriamento e aquecimento, conforme necessário. Por exemplo, em períodos de calor intenso, sistemas de resfriamento por nebulização são ativados automaticamente para reduzir a temperatura ambiente por meio da evaporação. Durante períodos frios, os sistemas de aquecimento são ajustados para manter um ambiente confortável para os animais.

Além de regular a temperatura, esses sistemas também monitoram a qualidade do ar, ajustando a ventilação para manter níveis adequados de gases como amônia e dióxido de carbono. Isso não apenas melhora o conforto dos animais, mas também promove um ambiente saudável e seguro para eles, contribuindo para o seu bem-estar geral.

Essas práticas são fundamentadas em pesquisas, como as de Xin *et al.* (2011) e Khan *et al.* (2017), que demonstram os benefícios significativos desses sistemas integrados na criação moderna de animais de estimação.

Além dos avanços em controle ambiental, a adaptação genética dos animais para resistência ao calor emerge como uma estratégia promissora. Estudos como os de Sahin *et al.* (2009) destacam a importância da seleção genética para características que melhoram a dissipação de calor e aumentam a tolerância ao estresse térmico em cães e gatos. Por meio da seleção cuidadosa de características genéticas, como eficiência na termorregulação e na capacidade de adaptação a variações climáticas, os criadores podem desenvolver raças mais resistentes e adaptadas às condições ambientais variáveis encontradas na criação moderna de animais de estimação.

### 9.7.1. Cães

Os cães são sensíveis às variações de temperatura, sendo o calor excessivo e o frio intenso condições que podem afetar seu bem-estar e sua saúde. Em ambientes quentes, cães podem sofrer de hipertermia, especialmente raças com focinho curto, como os Buldogues e os Pugs, devido à sua menor capacidade de dissipar calor (Bruchim *et al.*, 2017a). O calor excessivo também pode causar desidratação, exaustão e, em casos extremos, levar à insolação, colocando em risco a vida do animal (Bruchim *et al.*, 2017b).

Para proteger os cães do calor, é essencial proporcionar sombra adequada e água fresca, disponível em todos os momentos, além de evitar exercícios intensos durante os períodos mais quentes do dia (Davis *et al.*, 2003). Estratégias como o resfriamento por evaporação, utilizando toalhas úmidas ou piscinas para cães, também ajudam a reduzir o estresse térmico (Bruchim *et al.*, 2017a).

Em climas frios, cães podem sofrer de hipotermia se não estiverem adequadamente protegidos. Raças com pelagem curta ou sem subpelo são particularmente vulneráveis ao frio intenso, que pode levar à diminuição da temperatura corporal e até mesmo a danos nos tecidos (Bruchim *et al.*, 2017a). Fornecer abrigo aquecido, roupas específicas para o clima frio e limitar a exposição ao ar livre durante os períodos mais frios do dia são medidas importantes para proteger os cães (Davis *et al.*, 2003).

### 9.7.2. Gatos

Assim como os cães, os gatos também são sensíveis às variações de temperatura. Em climas quentes, gatos podem sofrer de hipertermia, especialmente aqueles que têm acesso limitado a áreas sombreadas e água fresca (Bruchim *et al.*, 2017b). Estratégias como fornecer superfícies frias para descanso, garantir ventilação adequada em ambientes internos e manter os recipientes de água limpos e frescos são cruciais para ajudar os gatos a lidarem com o calor (Bruchim *et al.*, 2017b).

No frio, gatos podem buscar áreas quentes para se abrigar, como dentro de casa ou em locais protegidos ao ar livre. Fornecer camas aquecidas, caixas de transporte acolchoadas, e garantir que haja acesso a abrigos protegidos do vento e da umidade são medidas importantes para proteger os gatos do frio intenso (Davis *et al.*, 2003).

### 9.7.3. Aves

Aves como calopsitas e periquitos são sensíveis às variações de temperatura, tanto em ambientes internos quanto em externos. Em condições de calor excessivo, essas aves podem enfrentar estresse térmico, que se manifesta por aumento da respiração, letargia e desconforto geral (McMillan, 2020). A exposição prolongada ao calor pode ser especialmente prejudicial, podendo levar à desidratação e até mesmo à morte em casos extremos.

Para proteger as aves do calor, é preciso garantir que o ambiente em que vivem seja fresco e bem ventilado. Isso pode incluir a colocação da gaiola em áreas sombreadas, longe da luz solar direta, especialmente durante os períodos mais quentes do dia. Além disso, é importante fornecer água fresca e limpa diariamente e considerar o uso de métodos como banhos de água ou colocação de pedras ou superfícies resfriantes dentro da gaiola para ajudar as aves a regularem sua temperatura corporal (McMillan, 2020).

Em climas frios, as aves de estimação também precisam de proteção contra o frio intenso. A falta de isolamento adequado pode levar a hipotermia, especialmente durante as noites mais frias ou em ambientes sem aquecimento adequado (McMillan, 2020). Estratégias para proteger as aves do frio incluem a colocação da gaiola em áreas protegidas do vento e da umidade, o uso de cobertores ou materiais isolantes ao redor da gaiola e fornecer abrigos aquecidos, como caixas de dormir acolchoadas ou cabanas específicas para aves.

### 9.8. Considerações finais

Os estudos de caso têm se mostrado essenciais para a compreensão da influência das condições ambientais no bem-estar animal. Ao analisar situações práticas em diversos contextos de produção, esses estudos oferecem uma visão detalhada sobre como diferentes práticas de gestão de ambiência podem melhorar o conforto e a saúde dos animais. A análise de dados reais permite identificar quais ajustes são mais eficazes na otimização do ambiente, ajudando na adaptação das instalações às necessidades específicas de cada tipo de produção.

Os estudos atuais demonstram que tecnologias de controle climático, como sistemas de ventilação e resfriamento evaporativo, são altamente eficazes no combate ao estresse térmico, particularmente em suínos e aves. Além disso, a combinação de fatores como nutrição, genética e gestão ambiental tem se mostrado fundamental para melhorar a saúde dos animais e aumentar a sustentabilidade das operações. Esses avanços destacam a importância de uma abordagem integrada para garantir o bem-estar animal e a eficiência da produção.

# REFERÊNCIAS

AARNINK, A. J. A.; HOL, J. M. G.; BEURSKENS, A. G. C. M. Precision feeding in pig production: Effects on environment and performance. **Animal Feed Science and Technology**, v. 233, p. 68-80, 2017.

AARNINK, A. J. A.; VERSTEGEN, M. W. A.; VAN DER PEET-SCHWERING, C. M. C.; LE, D. P. **Environmental effects of housing systems for pigs and poultry**. Wageningen: Wageningen Academic Publishers, 2017.

ADAMS, R. S.; BROWN, S.; HARRIS, L. **Physiology of domestic animals**. 3. ed. New York: Wiley, 2024.

ADAMS, R. S.; SMITH, T. L.; JONES, P. A. Climate change and animal health: a critical review. **Veterinary Sciences**, v. 12, n. 1, p. 14-25, 2024.

AHSAN, U.; CAO, Y.; CHEN, X.; HAYAT, K.; AMIN, M.; ZHU, Y.; XIAO, Z. Role of vitamin E in preventing the negative effects of oxidative stress in poultry. **World's Poultry Science Journal**, v. 76, n. 2, p. 281-290, 2020.

ALIBARDI, L.; COSSU, R.; SALEH, K. Biodigesters in poultry farming: environmental and economic benefits. **Renewable Energy**, v. 178, p. 1128-1135, 2021.

ALMEIDA, F. R. C. L.; FERREIRA, R. A.; SOUZA, L. I. *et al.* Monitoria de abate. In: SOBESTIANSKY, J.; BARCELLOS, D. (Eds.). **Doenças dos suínos**. 2. ed. Brasília: Embrapa, 2022. p. 845-860.

ALMEIDA, F. S.; FERREIRA, J. P. O impacto das condições ambientais na produção animal e saúde dos rebanhos. **Revista Brasileira de Zootecnia**, v. 45, p. 134-145, 2020.

ALMEIDA, J. F. **Impacto do manejo de sombras na produtividade de bovinos**. São Paulo: Editora ABC, 2020.

ALMEIDA, J. L.; PEREIRA, M. R. Impacto do sombreamento e fornecimento de água em áreas de gado de corte. **Revista Brasileira de Zootecnia**, v. 49, p. 231-245, 2020.

AMERICAN VETERINARY MEDICAL ASSOCIATION – AVMA. **Guidelines for the euthanasia of animals**. Schaumburg: AVMA, 2013.

ANDERSON, G. M. *et al*. Tolerance to environmental extremes in livestock: implications for future breeding. **Journal of Animal Science**, v. 101, n. 4, p. 789-798, 2023.

ANDERSON, J. T.; TSCHINKEL, W. R.; SUDDUTH, C. D. Hibernation and the significance of winter in the life cycle of the Eastern Box Turtle, **Terrapene carolina**. **Biological Conservation**, v. 81, p. 1-8, 1997.

ASSIS, T. O.; AGUIAR, A. P. D. de; VON RANDOW, C.; GOMES, D. M. de P. G.; KURY, J. N.; OMETTO, J. P. H. B.; NOBRE, C. A. CO2 Emissions from Forest Degradation in the Brazilian Amazon. **Environmental Research Letters**, v. 15, n. 10, 2020.

ATTIA, Y. A.; AL-HENAI, H.; FATHY, S. M. Effect of dietary electrolyte balance on growth performance, some physiological traits, and immune response in broiler chickens under heat stress. **Poultry Science**, v. 95, n. 4, p. 794-801, 2016.

BAENA, A.; EYMÉOUD, J.-B.; GARCIA, T. **Swing pricing and flow dynamics in light of the Covid-19 crisis**, 2022.

BALOG, J. M.; DE NARDI, R.; HEBER, A. J. Influência do calor sobre a fisiologia e o desempenho de ruminantes. **Revista Brasileira de Zootecnia**, v. 32, n. 6, p. 1457-1463, 2003.

BANHAZI, T. M.; LEHR, H. A.; BLACK, J. L.; CRABTREE, H.; SCHOFIELD, C. P.; TSCHARKE, M.; BERCKMANS, D. Precision livestock farming: Making precision animal management affordable for farmers. **Animal Production Science**, v. 59, n. 5, p. 983-991, 2019.

BANKS, C. J.; HEAVEN, S.; ZHANG, Y. The role of anaerobic digestion in achieving sustainability in agriculture and beyond. **Renewable Energy**, v. 141, p. 658-672, 2019.

BARROS, D. *et al*. Efeitos do ambiente térmico sobre gado leiteiro em sistema de pastagem na Amazônia Ocidental. **Revista Brasileira de Medicina Veterinária**, v. 44, n. 1, 45-53, 2022.

BARTON, M. D.; NELSON, M. E.; GREEN, J. A. Climate change impacts on vector-borne diseases in animals. **Journal of Veterinary Internal Medicine**, v. 37, n. 2, p. 534-542, 2023.

BARTON, S.; SMITH, M.; GARCIA, R. Impact of climate change on the spread of vector-borne diseases. **Veterinary Research Journal**, v. 34, n. 1, p. 67-79, 2023.

BARUSELLI, P. S.; FERREIRA, R. M.; SÁ FILHO, M. F.; NASSER, L. F.; RODRIGUES, C. A. *et al*. Synchronization of ovulation and fixed-time artificial insemination in Bos indicus cattle. **Animal Reproduction Science**, v. 120, n. 1-4, p. 1-11, 2020.

BATTISTI, M. A.; TORRES, R. J.; FRANÇA, C. L. Aspectos da adaptação animal ao ambiente climático. **Revista de Bioclimatologia Animal**, v. 12, n. 3, p. 322-331, 2019.

BAUMGARD, L. H.; RHOADS, R. P. Effects of heat stress on postabsorptive metabolism and energetics. **Annual Review of Animal Biosciences**, 1, p. 311-337, 2013.

BENJAMIN, J. G. *et al*. Carbon stock increases up to old growth forest along a secondary succession in Mediterranean island ecosystems. **Science of the Total Environment**, 703, 134743, 2020.

BERMAN, A. **Animal welfare in the heat:** thermal stress and management strategies. Cambridge: Cambridge University Press, 2018.

BERNABUCCI, U. *et al*. The effects of heat stress in dairy cattle and their consequences for milk production and welfare. **Italian Journal of Animal Science**, v. 13, n. 4, 2014.

BERNARDI, A. C. *et al*. Behavior and body surface temperature of beef cattle in integrated crop-livestock systems with or without tree shading. **International Journal of Biometeorology**, v. 63, n. 7, 917-926, 2019.

BERTELSEN, A. C.; GOMES, S. H.; MARTINS, F. J. Climatização e bem-estar em pets. **Veterinary Science & Climate**, v. 9, n. 3, p. 315-323, 2021.

BJØRNDAL, L. D.; KENDLER, K. S.; REICHBORN-KJENNERUD, T.; YSTROM, E. Stressful life events increase the risk of major depression in the general population. **Journal of Affective Disorders**, 300, p. 1-8, 2022.

BLAXTER, K. L. **Animal welfare and health**. 2. ed. New York: Wiley-Blackwell, 2019.

BLAXTER, K. L. **Energy metabolism in animals and man**. Cambridge: Cambridge University Press, 1989.

BLIGH, E. G.; PEARSON, P. R. Thermal stress and productivity in farm animals. **Journal of Animal Science**, v. 81, n. 6, p. 1234-1242, 2003.

BOHMANOVA, J.; *et al*. Evaluation of heat tolerance in dairy cattle. **Journal of Dairy Science**, v. 90, p. 1947-1956, 2007.

BOONE, A. *et al*. The welfare of fish and reptiles in aquaculture and captivity. **Journal of Animal Welfare**, v. 23, n. 1, p. 45-52, 2014.

BORGES, R. A. **Manejo de aves de corte e poedeiras em condições climáticas extremas**. São Paulo, Brasil: Editora ABC, 2019.

BORGES, S. A. **Estudo do impacto do estresse térmico na avicultura**. São Paulo: Editora Agropecuária, 2019.

BOUCHAMA, A.; DEBOTS, C.; AMOR, M. *et al*. Heatstroke: a review of the pathophysiology and therapeutic strategies. **Journal of the Royal Society of Medicine**, v. 100, n. 4, p. 133-141, 2007.

BOURDON, R. M. The future of animal genetics: adapting to climate change. **Genetics Selection Evolution**, v. 50, n. 1, p. 1-14, 2018.

BRANCO, D. H. S.; LIMA, M. S.; LIMA, L. S. Padrões sequenciais de comportamento para avaliar o estresse térmico em frangos de corte. **Revista Brasileira de Engenharia Agrícola e Ambiental**, v. 24, n. 6, p. 409-415, 2020.

BROOM, D. M. **Sentience and Animal Welfare**. CABI Publishing, 2014.

BROWN, A. L.; IMAI, T.; VIEIDER, F. M.; CAMERER, C. F. Meta-analysis of empirical estimates of loss aversion. **Journal of Economic Literature**, v. 62, n. 2, p. 485-516, 2024.

BROWN, A.; GARCIA, B. Pontos-chave para o conforto térmico de búfalos d'água na Amazônia Oriental. **Ciência Rural**, v. 53, n. 1, p. 1-10, 2023.
BROWN, D.; JOHNSON, R. L.; SMITH, A. J. **Advancements in precision livestock farming**. New York: Springer, 2020.
BROWN, J. **Animal welfare in practice**. 1. ed. London: Routledge, 2021.
BROWN, J.; HELLER, P. **Animal Physiology:** a comprehensive guide. 2. ed. London: Routledge, 2023a.
BROWN, J.; HELLER, P. Termogênese e regulação térmica em animais. **Revista de Fisiologia Animal**, v. 23, n. 1, p. 1-10, 2023b.
BROWN, J. M. **Environmental considerations for livestock housing**. 2. ed. New York: Farm Animal Publications, 2017.
BROWN-BRANDL, T. M. *et al*. Heat stress in livestock: biology and management. **Annual Review of Animal Biosciences**, v. 1, p. 177-202, 2013.
BROWN-BRANDL, T. M.; HAHN, G. L.; NIRVANA, P. Swine production systems. **Journal of Animal Science**, v. 78, p. 1611-1621, 2019.
BRUCHIM, Y.; KLEMENT, E.; SEGEV, G. *et al*. Evaluation of lidocaine treatment on frequency of cardiac arrhythmias, acute kidney injury, and hospitalization time in dogs with gastric dilatation volvulus. **Journal of Veterinary Internal Medicine**, v. 25, n. 5, p. 1097-1105, 2011.
BRUCHIM, Y.; KLEMENT, E.; SEGEV, G. *et al*. Heatstroke in dogs: Pathophysiology and predisposing factors. **Veterinary Journal**, 225, p. 60-65, 2017a.
BRUCHIM, Y.; KLEMENT, E.; SEGEV, G. *et al*. Heatstroke in dogs: pathophysiology and predisposing factors. **Veterinary Journal**, 225, p. 60-65, 2017b.
BURNETT CENTER. **Feedlot research facilities**. Lubbock: Texas Tech University, 2024. Disponível em: https://www.depts.ttu.edu/burnettcenter. Acesso em: 11 nov. 2024.
CAMINADE, C.; VANDERPLANK, S.; BAYLIS, M. Climate change and infectious diseases: a global perspective. **Infectious Disease Reports**, v. 11, n. 2, 8116, 2019.

CAMPBELL, A. J.; BROWN, S. D.; HELLER, R. E.; SMITH, L. P.; JONES, C. M. Impacto das alterações climáticas no bem-estar animal: uma revisão crítica. **Ciência e Agrotecnologia**, v. 41, n. 3, p. 225-234, 2017.

CAMPOS, A. J. **Bioclimatologia e suas aplicações no bem-estar animal**. São Paulo: Editora ABC, 2018.

CARTER, L. P. *et al.* Genetic markers for heat tolerance in livestock: advances and applications. **Animal Genetics**, 55(1), p. 32-45, 2024.

CARVALHEIRO, L. G.; GONZÁLEZ CHAVES, A.; GARIBALDI, L. A.; METZGER, J. P. Efeitos positivos da cobertura florestal no rendimento do café são consistentes entre regiões. **Journal of Applied Ecology**, v. 58, n. 4, p. 789-798, 2021.

CARVALHO, R. S.; SILVA, M. A.; PEREIRA, L. G. **Tecnologias de mitigação de odores em instalações de produção animal**. Rio de Janeiro, Brasil: Editora XYZ, 2021.

CHEN, Y.; ZHANG, H.; LI, X.; LI, S.; LI, J. Efeitos do estresse térmico sobre a função reprodutiva de cabras leiteiras. **Small Ruminant Research**, v. 113, n. 1, p. 1-6, 2013.

CISILOTTO, L.; AMARAL, M. L.; MORAES, M. L. R.; GOMES, P. C. Effect of cooling systems on poultry production during summer heat. **Brazilian Journal of Poultry Science**, v. 23, n. 4, p. 412-418, 2021.

CLARK, J.; BENNETT, J.; MARTINEZ, R.; LEE, H. Energy requirements in cold environments for livestock: Adjustments in fat intake. **Journal of Animal Physiology and Animal Nutrition**, v. 106, n. 2, p. 233-244, 2022.

CLARK, M.; YOUNG, P. **Thermoregulation in Animals:** Concepts and Applications. 1. ed. Chicago: University Press, 2023.

CLAUSS, M.; KRAUSE, J.; HEMPEL, J.; WIEGAND, A.; RIEK, A.; WITTE, K. The impact of climate on the nutrition of ruminants. **Animal Feed Science and Technology**, v. 132, n. 1-2, p. 1-23, 2007.

CLELAND, E. E.; CHUINE, I.; MENZEL, A.; MOONEY, H. A.; SCHWARTZ, M. D. Shifting plant phenology in response to global change. **Trends in Ecology & Evolution**, v. 22, n. 7, p. 357-365, 2007.

COLE, M.; LINDEQUE, P.; FILEMAN, E.; HOUGHTON, R.; MOGER, J.; GALLOWAY, T. Ingestão de microplásticos por zooplâncton. **Environmental Science & Technology**, v. 47, n. 12, p. 6646-6655, 2013.

COLLIER, R. J.; DAHL, G. E.; VAN BAALEN, D. Heat stress effects on dairy cattle. **Journal of Dairy Science**, v. 91, n. 6, p. 243-255, 2008.

COLLIN, A.; PIERRE, J.; RENAUDEAU, D. Thermal regulation in pigs under heat stress conditions: Mechanisms and management strategies. **Livestock Science**, 70, p. 169-175, 2001.

COOK, N. J. **Animal welfare assessment**. 4. ed. Oxford: Wiley-Blackwell, 2018.

COOK, P. J.; SMITH, A. R.; MASON, M. S. Ofegação em animais como indicador de estresse: um estudo comparativo. **Journal of Animal Physiology**, v. 22, n. 4, p. 489-495, 2016.

COSTA, P. S.; ALMEIDA, L. G.; SANTOS, F. T. Análise de espécies arbóreas em sistemas de produção. **Ciência Florestal**, v. 33, n. 2, 789-799, 2023.

COSTA, R. T.; LIMA, A. F. Mudanças climáticas e seus efeitos na produção animal: desafios e soluções. **Revista Brasileira de Ciências Agrárias**, v. 18, p. 45-58, 2023.

COWIESON, A. J.; BEDFORD, M. R. The effect of phytase and carbohydrase on ileal amino acid digestibility in monogastric diets: Complimentary mode of action?. **World's Poultry Science Journal**, v. 65, n. 3, p. 609-624, 2009.

CRUMP, M. L. Oogenesis and reproductive behavior of tropical amphibians. **Journal of Herpetology**, 30, p. 77-82, 1995.

CUNHA, R. D. *et al*. Manejo de ventilação para controle do estresse térmico em instalações de suínos. **Revista Brasileira de Zootecnia**, 51, p. 122-134, 2023.

DANTAS-TORRES, F. **Cuidados climáticos com pets:** guia para proprietários. Brasília: Editora VetBrasil, 2023.

DAVIS, D. H.; LEE, J. W. Impactos do estresse ambiental na saúde e produtividade de animais de produção. **Journal of Animal Health**, v. 30, p. 112-123, 2021.

DAVIS, M. B.; HILL, M. O. The influence of climate change on the distribution of species. In: **Climate Change and Biodiversity**, Academic Press, p. 75-88, 2019.

DAVIS, M. S.; MADER, T. L.; BROWN-BRANDL, T. M. Impacto do estresse térmico na produção e bem-estar de bovinos de corte. **Journal of Animal Science**, v. 81, n. 4, p. 1102-1112, 2003.

DAWKINS, M. S. **Bem-estar animal na avicultura:** um enfoque nas condições ambientais. 2. ed. Rio de Janeiro: Editora Científica, 2020.

DAY, M. L.; MORRISON, S. R.; MACKEN, M. L. Temperatura e crescimento de suínos. **Revista Brasileira de Suinocultura**, v. 24, n. 3, p. 114-123, 2003.

DE PAULA VIEIRA, A.; VON KEYSERLINGK, M. A. G.; WEARY, D. M. Indicadores comportamentais de fome em bezerros leiteiros. **Applied Animal Behaviour Science**, 1v. 109, 1-2, p. 180-189, 2008.

DE RAMUS, T. A. *et al.* A influência do sombreamento na redução do estresse térmico em bovinos. **Journal of Animal Science**, 81, p. 105-112, 2003.

DE VOS, M.; DAVID, A.; SCOTT, L.; DA SILVA, P.; TROLLIP, A.; RUHWALD, M.; SCHUMACHER, S.; STEVENS, W. Avaliação analítica comparativa de quatro plataformas centralizadas para detecção de tuberculose e tuberculose multirresistente. **Journal of Clinical Microbiology**, v. 59, n. 1, e02272-20, 2021.

DEGEN, A. A.; KATZ, S.; ARNON, S. Reproductive strategies of rodents in arid environments. **Journal of Animal Ecology**, v. 66, n. 3, p. 455-468, 1997.

DESHAZER, J. A.; HAHN, G. L.; XIN, H. Heat stress in livestock and poultry: Heat stress indices and their applications. **Agricultural and Forest Meteorology**, v. 45, n. 1, p. 123-138, 2009.

DIBNER, J. J.; RICHARDS, J. D. Antibiotic growth promoters in agriculture: history and mode of action. **Poultry Science**, v. 84, n. 4, p. 634-643, 2005.

DINGLE, H.; DRAKE, V. A. What is migration?. **BioScience**, v. 57, n. 2, p. 113-121, 2007.

DJONGALI, A.; EGUILUZ, V. M.; LEISHNER, S. Stress in captivity: effects on animal welfare and health. **Animal Behavior Science**, v. 47, n. 3, p. 415-428, 2021.

DONAT, M. G.; ALEXANDER, L. V.; HEROLD, N. The global extreme temperature record: changes and implications. **Climatic Change**, v. 121, n. 1, p. 229-241, 2013.

DU, L.; YIN, W.; WANG, C.; ZHAI, J. Physiological adaptations of animals in cold environments. **Ecological Monographs**, v. 89, n. 2, e01366, 2019.

DUKE, J.; MOONEY, H. A. **Biological invasions in the United States**. Washington, D.C.: Island Press, 1999.

DUNBAR, R. I. M. The social brain hypothesis. **Evolutionary anthropology:** issues, news, and reviews, v. 6, n. 5, p. 178-190, 1998.

DUNBAR, R. I. M.; SHULTZ, S. **The evolution of animal migration**. Oxford: Oxford University Press, 2010.

DUNCAN, I. J. H.; PETHERICK, J. C. O comportamento e o estresse em animais: uma abordagem de bem-estar. **Veterinary Behavior Journal**, v. 10, n. 1, p. 56-65, 1991.

EASTER, R. A.; MCMICHAEL, A. J.; DYER, J. C. **Impacts of cold stress on animal health and productivity**. Cham: Springer, 2021.

ENGEL, B.; CRANDELL, J. **Genetic engineering for animal health**. 2. ed. New York: Springer, 2023.

ERIKSEN, H.; TAEGER, H.; BLAUMANN, M. Welfare in pig farming under extreme temperature conditions. **Applied Animal Behaviour Science**, 233, p. 105-112, 2021.

ESTEVEZ, I. Behavioral indicators of poultry welfare. **Poultry Science**, v. 94, n. 1, p. 5-8, 2015.

EVANS, J. A.; LEES, B.; COSTELLO, J. Animal welfare monitoring in field conditions. **Animal Welfare**,v. 28, n. 1, p. 45-58, 2019.

FAHMY, M.; ZAKY, A.; REHMAN, M. Management of livestock in arid climates. **Journal of Animal Science**, 98, p. 147-153, 2020.

FAO. **The state of food and agriculture 2020:** environmental stress and its impact on animal production systems. Roma: FAO, 2020.

FARINU, G. O.; OLUREMI, O. O.; FAGBOHUN, M. F. **Gestão da saúde das aves durante estresse térmico**. Recife: Editora Agrícola, 2021.

FEDDES, R. A.; KOWALIK, P. J.; VAN DIEPEN, C. A. Simulation of field water uptake by plants using a soil-water-atmosphere-plant (SWAP) model. In: **Proceedings of the International Conference on Evapotranspiration:** Challenges in Theory and Application. Chicago: American Society of Civil Engineers, 2010.

FERNANDES, P. L.; LIMA, J. G. Efeitos do uso de sistemas de ventilação com resfriadores evaporativos no conforto térmico dos animais. **Engenharia Agrícola**, v. 43, p. 1054-1063, 2023.

FERREIRA, J. P.; SANTOS, M. A. Desafios e soluções para o manejo animal em ambientes com estresse térmico. **Revista Brasileira de Zootecnia**, v. 51, p. 123-135, 2023.

FERREIRA, M. S.; CARVALHO, S. R. Seleção de espécies de árvores para sombreamento em instalações de criação animal. **Pesquisa Agropecuária Brasileira**, v. 48, n. 8, p. 981-988, 2023.

FERREIRA, T. S.; MARTINS, J. H.; PEREIRA, R. F. Clima e fisiologia animal. **Veterinary Climate Journal**, v. 5, n. 1, p. 54-66, 2018.

FEW, R.; MCGUIRE, S.; PRINCE, S. Assessing climate change and disaster risk reduction in urban areas. **Disaster Management**, v. 14, p. 35-42, 2004.

FOK, S. S.; PETERS, S. S.; SMITH, L. Social dynamics and behavior in the presence of resource scarcity. **Behavioral Ecology**, v. 17, n. 4, p. 657-666, 2006.

FORREST, J.; MILLER-RUSHING, A. J. Toward a synthetic understanding of the role of phenology in ecology and evolution. **Philosophical Transactions of the Royal Society B:** Biological Sciences, v. 365, n. 1555, p. 3101-3112, 2010.

FRANKLIN, E.; ROBBINS, K.; SMITH, H. Cold stress in poultry and swine: review and implications for welfare. **Journal of Animal Science**, v. 92, n. 3, p. 453-467, 2020.

FRASER, D. **Understanding animal welfare:** the science in its cultural context. Oxford: Wiley-Blackwell, 2008.

FRIGGENS, N. C. *et al.* Understanding and improving dairy cow welfare: the role of behavioral indicators. **Animal Welfare Science**, 5, p. 139-150, 2007.

FRYXELL, J. M.; HAYWARD, M. W.; WILSON, M. L. Foraging strategies of ungulates. **Ecological Monographs**, 74, p. 233-254, 2004.

GAGE, B. F.; EBY, C.; JOHNSON, J. A.; DEYCH, E.; RIEDER, M. J.; RIDKER, P. M.; MILLIGAN, P. E.; GRICE, G.; LENZINI, P.; RETTIE, A. E.; AQUILANTE, C. L.; GROSSO, L.; MARSH, S.; LANGAEE, T.; FARNETT, L. E.; VOORA, D.; VEENSTRA, D. L.; GLYNN, R. J.; BARRETT, A.; MCLEOD, H. L. Use of pharmacogenetic and clinical factors to predict the therapeutic dose of warfarin. **Clinical Pharmacology & Therapeutics**, v. 84, n. 3, p. 326-331, 2008.

GAGE, K. L.; SHAW, M. L.; DIETRICH, W. *et al.* Climate change and the potential impacts on the transmission of vector-borne diseases. **Emerging Infectious Diseases**, v. 14, n. 7, p. 1074-1081, 2008.

GARCÍA, J. M.; SCHANBERG, L. E. Adolescent chronic pain: patterns and predictors of emotional distress. **Pain**, v. 105, n. 3, p. 249-256, 2003.

GARCIA, P. C.; RODRIGUES, A. M.; PEREIRA, J. B. Climate change and zoonoses: a comprehensive review. **Frontiers in Veterinary Science**, v. 9, p. 144-160, 2022.

GARCIA, R. M.; THOMPSON, K. L.; GONZALEZ, L. S. Avian thermoregulation and metabolic adaptations to high temperatures. **Journal of Poultry Science**, v. 13, n. 4, p. 204-219, 2024.

GASTON, K. J.; BENNIE, J.; DAVIES, T. W.; HOPKINS, J. The ecological impacts of nighttime light pollution: A mechanistic appraisal. **Biological Reviews**, v. 92, n. 4, p. 1588-1609, 2017.

GATES, R. S.; ZANG, H.; HILL, L.; TRESS, D. Livestock housing designs for thermal comfort. **Transactions of the ASABE**, v. 65, n. 2, p. 207-218, 2022.

GAUGHAN, J. B.; MADER, T. L.; LOUGHMILLER, D. S. Estratégias para mitigação do estresse térmico em bovinos de corte. **Journal of Animal Science**, v. 86, n. 6, p. 1442-1450, 2008.

GEBREMEDHIN, H.; HILLMAN, D. Adaptations to heat stress in bovine species. **Journal of Animal Science**, 92(3), p. 120-132, 2018.

GEBREMEDHIN, K. G.; LOPEZ, S. R.; CRUZ, M. C. Fatores climáticos na produção animal. **Journal of Agricultural Climatology**, v. 3, n. 1, p. 89-104, 2018.

GERBER, P. J.; STEINFELD, H.; HENDERSON, B.; MOTTET, A.; OPIO, C.; DIJKMAN, J.; FALCUCCI, A.; TEMPIO, G. **Tackling climate change through livestock:** a global assessment of emissions and mitigation opportunities. Rome: FAO, 2013.

GLEESON, T.; WADA, Y.; VAN BEEK, L. P. H.; BIERKENS, M. F. P. Global groundwater sustainability, resources, and systems in the Anthropocene. **Annual Review of Environment and Resources**, v. 44, p. 89-117, 2019.

GLICKMAN, L. T.; MOORE, G. E. Animal care practices: historical perspectives and future directions. **Animal Welfare Journal**, v. 12, n. 4 , p. 305-317, 2014.

GOMES, R. P.; ALMEIDA, F. S. Influência das condições climáticas na produção animal e estratégias de manejo. **Revista Brasileira de Ciências Agrárias**, v. 18, p. 98-110, 2023.

GOMES, R. P.; SANTOS, M. A. Efeitos das condições ambientais no desempenho e saúde animal. **Revista Brasileira de Zootecnia**, v. 51, p. 120-132, 2022.

GOMES, S. P.; MENDES, A. P. Uso de biodigestores na gestão de resíduos pecuários e redução de impactos ambientais. **Revista Brasileira de Biotecnologia**, v. 18, n. 2, p. 231-245, 2002.

GOMES, T. R.; SOUZA, A. P.; MENDES, C. A. **Gerenciamento de resíduos na produção animal:** desafios e soluções. Curitiba: Editora GHI, 2023.

GONYOU, H. W. *et al.* Impacto do sombreamento no comportamento e no estresse térmico de suínos. **Applied Animal Behaviour Science**, v. 118, n. 2, p. 119-126, 2009.

GONZALEZ, H. R.; LIMA, J. D.; OLIVEIRA, P. M. Impacto do estresse térmico na produção animal. **Revista Brasileira de Zootecnia**, v. 40, n. 9, p. 2015-2022, 2011.

GONZÁLEZ, J. E.; ORTIZ, L.; SMITH, B. K. *t al*. New York City Panel on Climate Change 2019 Report Chapter 1: New methods for assessing extreme temperatures, heavy downpours, and drought. **Annals of the New York Academy of Sciences**, 1439, p. 30-70, 2019.

GONZALEZ, J. *et al*. Thermal stress in sheep and goats: A review. **Small Ruminant Research**, 185, 106057, 2020.

GONZÁLEZ, R. A.; GOMEZ, H. A.; ALVAREZ, B. C. **Bioclimatologia animal: teoria e prática**. Brasília, Brasil: Embrapa, 2022.

GORDON, I. J. The role of environmental management in livestock production systems. **Animal Production Science**, v. 52, p. 71-80, 2012.

GORDON, I. J.; SINGH, R. P.; TAN, L. Water and food intake patterns in herbivores during extreme heat. **Global Ecology and Biogeography**, v. 30, p. 290-303, 2021.

GREEN, C.; SMITH, P. R.; WILSON, L. Thermoregulatory strategies in ectothermic species. **Animal Physiology Review**, 15(2), p. 105-121, 2023.

GREEN, D. S.; WILLIAMS, J. L.; THOMPSON, P. T. Impact of climate change on livestock production and health: an overview. **Journal of Agricultural Science**, v. 60, p. 45-58, 2022.

GREGORY, N. G. *et al*. Animal welfare standards for meat processing. **Meat Science**, v. 120, p. 1-7, 2016.

GUNN, A.; WILLIAMS, M.; PHILLIPS, D. Control of bovine respiratory disease in temperate climates. **Journal of Veterinary Science**, v. 22, p. 110-119, 2021.

HAHN, R. E.; SILVA, L. A.; COSTA, M. B. Bioclimatologia: aspectos e desafios. **Revista Brasileira de Climatologia Animal**, v. 15, n. 2, p. 113-121, 2021.

HALACHMI, I.; GUARINO, M.; BEWLEY, J.; PASTELL, M. Smart animal farming: The internet of animals in livestock farming. **Animal Frontiers**, v. 9, n. 1, 18-25, 2019.

HALL, J. S.; MARTINS, C. P.; FERREIRA, L. T. Estratégias de manejo para bem-estar de animais em climas adversos. **Journal of Animal Care**, v. 10, n. 2, p. 192-207, 2022.

HARMS, R. H.; HARRISON, P. C.; BAIÃO, N. C.; GUTIÉRREZ, R. H. Efeito da luz solar sobre a saúde óssea de aves e suínos. **Poultry Science Journal**, v. 93, n. 7, p. 1234-1241, 2014.

HARRIS, D. A.; MARTIN, T. R.; PEREIRA, L. F. Climate change and its effects on animal health and welfare. **Livestock Science Journal**, v. 22, p. 112-124, 2023.

HARRISON, J.; BROOKS, K. The role of adrenaline and noradrenaline in temperature regulation. **Journal of Hormonal Research**, v. 28, n. 7, p. 398-413, 2022.

HAYES, M. D.; WARD, J. W.; MCCORD, T. A. *et al.* Evaluating a new shade for feedlot cattle performance and heat stress. **Transactions of the ASABE**, St. Joseph, v. 60, n. 4, p. 1301-1311, 2017. Disponível em: https://elibrary.asabe.org/abstract.asp?aid=48353. Acesso em: 11 nov. 2024.

HEAVNER, J. M.; HALL, J.; SHAW, R.; MARTIN, G. Seasonal climate variability and livestock health: Impacts and management practices. **Agricultural Health and Safety Journal**, v. 34, n. 2, p. 162-174, 2023.

HERGERT, M. E.; JOHNSON, L. A.; WILLIAMS, R. B. The influence of environmental factors on livestock production systems: a comprehensive review. **Journal of Animal Science**, v. 35, p. 99-112, 2018.

HERMAN, J. P.; O'CONNOR, J. A.; BRITTEN, B. L. Stress e a função reprodutiva dos animais: efeitos dos hormônios gonadais. **Endocrinology in Animal Science**, v. 35, n. 2, p. 102-110, 2003.

HETTS, S.; CLARK, J. D.; DICKSON, D. P.; FERRARO, T. L. The role of environmental enrichment in animal welfare. **Applied Animal Behaviour Science**, v. 35, p. 171-181, 1992.

HOFFMANN, W. E.; SCHNEIDER, A. P.; GARCIA, L. F. Impactos ambientais na produção e saúde animal: desafios e perspectivas. **Revista Brasileira de Zootecnia**, v. 47, p. 78-89, 2018.

HOFFMANN, A.; HAAS, C.; HENNIG, S. *et al.* Modeling population dynamics in a microbial consortium under control of a synthetic pheromone-mediated communication system. **Engineering Life Sciences**, v. 19, n. 6, p. 400-411, 2019.

HOOD, W. P.; NELSON, M. D.; FRENCH, G. S. Piloereção e termorregulação: adaptações fisiológicas em resposta ao estresse. **Journal of Animal Behavior**, v. 45, p. 123-131, 2014.

HULBERT, A. J.; ELSE, P. L. Basal metabolic rate: history, composition, regulation, and usefulness. **Physiological and Biochemical Zoology**, v. 77, p. 869-876, 2004.

HUYNH, T. T.; AARNINK, A. J.; GROOT KOERKAMP, P. W. Effects of high temperature on the welfare and productivity of swine. **Livestock Science**, v. 227, p. 64-72, 2019.

HUYNH, T. T.; SCHULTZ, A. B.; RUSSELL, J. W. Effects of environmental stressors on animal production: an overview. **Journal of Animal Science**, v. 22, p. 123-134, 2005.

IPCC. Mudanças climáticas e impactos sobre a biodiversidade. Relatório de avaliação do IPCC. Genebra: Editora IPCC, 2021.

JENSEN, T.; AARNINK, A. J. A.; PEDERSEN, S. Thermal requirements of growing pigs in high humidity. **Livestock Science**, v. 148, n. 1, p. 111-120, 2012.

JOHNSON, J. A.; MILLER, M. R. Thermoregulation in Domestic Animals: Mechanisms and Adaptations. **Journal of Animal Science and Technology**, v. 63, n. 2, p. 123-135, 2021.

JOHNSON, J. S.; AARDSMA, M. A.; DUTTLINGER, A. W.; KPODO, K. R. Early life thermal stress: impact on future thermotolerance, stress response, behavior, and intestinal morphology in piglets exposed to a heat stress challenge during simulated transport. **Journal of Animal Science**, v. 96, n. 5, p. 164-1653, 2018.

JOHNSON, J. S.; SANZ FERNANDEZ, M. V.; PATIENCE, J. F. *et al*. Effects of environmental temperature on the health and welfare of pigs. **Journal of Animal Science**, v. 98, n. 3 , p. 1-16, 2020.

JOHNSON, J.; WHITE, R. Thermoregulation in Livestock: mechanisms and species differences. **Journal of Animal Science**, v. 101, n. 4 , p. 1234-1245, 2023.

JOHNSON, K. L.; JONES, A. P. Managing livestock thermal environment: a review of species-specific requirements. **Livestock Science Journal**, v. 12, n. 3, p. 240-255, 2018.

JOHNSON, L. A.; WILLIAMS, T. R.; SMITH, K. E. Climate change and its effects on livestock health and productivity. **Animal Health Research Journal**, v. 40, p. 85-96, 2021.

JOHNSON, L. A.; WILLIAMS, T. R.; SMITH, K. E. Impact of climate change on livestock health and production systems: a global perspective. **Journal of Animal Science**, v. 45, p. 112-124, 2024.

JOHNSON, R.; PATEL, S. Protein supplementation strategies in warm climates. **Advances in Animal Biosciences**, v. 11, n. 3, p. 68-77, 2022.

JONES, A.; BROWN, B. **Fundamentals of nutrition:** a systems approach. 3. ed. Cambridge: University Press, 2021.

JONES, D. D.; MILLER, S. A. The environmental benefits of biogas production from agricultural waste. **Agriculture and Environmental Perspectives**, v. 23, n. 3, p. 127-135, 2019.

JONES, D. E.; RILEY, B.; MARTINEZ, J. Animal health management in a changing climate: adaptation strategies. **Veterinary Record**, v. 192, n. 5, p. 193-198, 2023.

JONES, M. T.; MILLER, R. Biodigesters and renewable energy in livestock systems. London: Routledge, 2019.

KAPLAN, M.; MERT, H. Impacto do estresse térmico na produção de aves de corte e poedeiras. 3. ed. São Paulo: Editora Zootecnia, 2019.

KAUFMANN, R.; SCHOLZ, H.; MÜLLER, E. Animal welfare in livestock production: thermal comfort considerations. **Journal of Animal Physiology**, v. 53, n. 2, p. 89-97, 2010.

KEADY, T. W. J.; HANRAHAN, J. P.; CLARKE, P.; GILLILAND, T. J. Efficiency of animal production: challenges and opportunities. **Animal Production Science**, v. 56, n. 2, p. 124-135, 2016.

KHAN, S.; BOURNE, E. L.; RICHARDSON, S. D.; LI, J. Automated environmental control in animal husbandry: efficiency and animal welfare. **Environmental Control in Animal Production**, v. 22, n. 2, p. 123-136, 2017.

# REFERÊNCIAS

KILPATRICK, A. M. *et al.* The emergence of zoonotic pathogens: The role of climate change. **Nature Reviews Microbiology**, 2020.

KILPATRICK, A. M.; BRADY, O. J.; CUMMINGS, D. A. T. The ecology and epidemiology of emerging infectious diseases in livestock. **Veterinary Microbiology**, v. 232, p. 215-227, 2020.

KIM, H.; PARK, S. H.; HONG, S. K. The impact of climate change on animal diseases: a review. **Journal of Veterinary Medicine and Animal Health**, v. 14, n. 2, p. 78-85, 2022.

KING, D. M.; KASS, A. M. Impactos do estresse ambiental na produção animal e saúde. **Revista de Ciência Animal**, v. 28, p. 89-101, 2017.

KIRK, L. A.; WILLIAMS, M. T.; THOMPSON, C. H. The effects of climate change on pets: Heat stress and cold tolerance. **Journal of Animal Health**, v. 45, n. 2, p. 115-130, 2021.

KOOLHAAS, J. M.; BOYSEN, D. M.; MERTENS, D. Estresse e termorregulação: resposta fisiológica a condições climáticas extremas. **Animal Physiology Reviews**, v. 34, p. 167-175, 2013.

KOVACS, K. I.; PETRUS, L.; SHAW, G. F. O impacto do estresse agudo nas funções cardiovasculares e respiratórias dos animais. **Animal Stress Journal**, v. 12, n. 6, p. 407-415, 2018.

KUMAR, S.; SAINI, A.; SHARMA, P. A review on the effect of humidity on animal health and food quality. **Animal Health and Food Safety**, v. 15, n. 3, p. 45-56, 2012.

KUMAR, S.; YADAV, M.; SINGH, R. Prevalence and control of diseases in tropical livestock systems. **Tropical Animal Health and Production**, v. 52, p. 1817-1826, 2020.

LAM, T. Y.; WONG, D. T.; ZHANG, L. Q. Influência das condições climáticas na saúde e no desempenho de rebanhos animais. **Journal of Animal Science and Technology**, v. 63, p. 45-57, 2021.

LARA, L. J.; ROSTAGNO, M. H. Impact of heat stress on poultry production. **Poultry Science**, v. 92, n. 6, p. 1360-1366, 2013.

LEE, P.; HARRIS, L. Thermoregulatory responses in avian species. **Poultry Science Review**, v. 40, n. 2, p. 87-99, 2023.

LIMA, A. F.; COSTA, R. S.; SOUZA, M. G. Efeitos das condições ambientais sobre o desempenho e bem-estar animal. **Revista Brasileira de Ciências Veterinárias**, v. 24, p. 78-90, 2017.

LIMA, A. F.; SOUZA, M. G.; PEREIRA, J. L. Impactos das condições ambientais no manejo e saúde animal. **Revista Brasileira de Zootecnia**, v. 46, p. 120-132, 2017.

LIMA, A. R.; LIMA, L. P.; ALMEIDA, M. R. Impact of humidity on animal health in tropical regions. **Brazilian Journal of Animal Science**, v. 39, n. 5, p. 973-984, 2009.

LIMA, J. P.; ROCHA, C. R. Estratégias climáticas no uso de árvores para o sombreamento em sistemas de criação de bovinos. **Agropecuária Técnica**, v. 55, n. 1, p. 25-33, 2023.

LIMM, M. P.; OROCK, J. L. Effect of temperature on the timing of reproduction in amphibians. **Global Change Biology**, v. 15, p. 51-60, 2009.

LIN, H.; JIAO, H.; CHENG, G. Efeito do estresse térmico sobre a produção e qualidade dos ovos de poedeiras. **Poultry Science**, 99(9), p. 4604-4613, 2020.

LINZEY, A.; CLIFFORD, S. **Ethical principles and guidelines for animal welfare**. 2. ed. Oxford: Oxford University Press, 2019.

LITTLE, S. E. **Parasites in pet and livestock animals:** identification and control. 2. ed. Boston: Academic Press, 2010.

LIU, X.; YANG, H.; HU, M. Efficacy of dietary inulin as a prebiotic in swine nutrition. **Livestock Science**, v. 229, p. 103-110, 2022.

LOBELL, D. B.; BURKE, M. B.; LYNCH, M. A. Climate change and the global crop yield: effects and adaptation strategies. **Environmental Research Letters**, v. 6, p. 011-020, 2011.

LUNDBERG, S.; THORSEN, M.; SIMPSON, S. Impact of climatic changes on infectious disease transmission. **Journal of Climate**, v. 15, p. 2463-2471, 2016.

MADER, T. L.; DAVIS, M. S.; BROWN-BRANDL, T. Environmental management for improved livestock performance. **Journal of Animal Science**, v. 84, n. 3, p. 712-724, 2006.

MADER, T. L.; JOHNSON, L. J.; GOSS, J. D. Thermal stress in livestock: potential effects on production and mitigation strategies. **Journal of Animal Science**, v. 84, n. 3, p. 712-720, 2006.

MADER, T. L.; WOLFE, C. A.; PEIXOTO, D. Desafios climáticos e saúde animal. **Climate and Animal Health Journal**, v. 8, n. 1, p. 72-81, 2020.

MARCHANT-FORDE, J. N. The impact of environmental stress on livestock welfare and productivity. **Animal Welfare Journal**, v. 18, p. 45-57, 2009.

MARCHANT-FORDE, J. N.; COOPER, J. J.; LEE, C. S. Environmental and physiological factors influencing livestock welfare: challenges and solutions. **Journal of Animal Science**, v. 92, p. 201-210, 2014.

MARCHEWKA, J.; HEERKENS, J. L. T.; DE OLIVEIRA, D. Welfare and health outcomes for broiler chickens on-farm and in transit to slaughter. **Poultry Science**, v. 98, n. 12, p. 6571-6580, 2019.

MARCONDES, M. I. Strategies for improving animal welfare in intensive farming. **Animal Welfare Research**, v. 29, p. 75-81, 2020.

MARTIN, P. J.; LEE, J. S. Enhancing heat dissipation in dairy cattle: insights from advanced thermal imaging. **Journal of Dairy Science**, v. 110, n. 8, p. 453-461, 2024.

MARTINEZ, L. J.; LOPEZ, A. R. Isolamento térmico e estratégias de aquecimento para animais em climas frios. **Climatic Adaptation and Animal Welfare**, v. 8, n. 2, p. 200-210, 2019.

MARTINS, C. A.; SILVA, E. R. New approaches to animal welfare assessment. **Veterinary Science Journal**, v. 41, p. 22-27, 2023.

MARTINS, F. R.; LIMA, S. P.; ALMEIDA, J. M. *Termorregulação e bem-estar animal*. **Animal Science Journal**, v. 14, n. 3, p. 142-156, 2019.

MARTINS, R. S.; SILVA, F. L.; PEREIRA, J. M. Desafios ambientais na produção animal: efeitos do estresse térmico e estratégias de manejo. **Revista Brasileira de Zootecnia**, v. 50, p. 134-146, 2021.

MASON, C. W.; HURLEY, M. A.; RODRIGUES, M. G. Impact of environmental stressors on animal welfare and productivity. *Journal of Animal Science*, v. 22, p. 85-97, 2007.

MASON, L.; WILLIAMS, J.; HALL, R. Impact of global warming on health and the environment. **International Journal of Environmental Studies**, v. 49, p. 221-234, 2014.

MASON, M. S. Estresse e ofegação em cães: uma análise comparativa. **Veterinary Stress Journal**, v. 12, p. 65-73, 2010.

MCGLONE, J. J.; HICKS, T. A.; FARRELL, D. E. Effects of heat and humidity on pig welfare and productivity. **Journal of Animal Science**, v. 91, n. 5, p. 2100-2111, 2013.

MCMICHAEL, A. J.; EASTER, R. A.; MORRISON, R. Preventing cold stress in livestock in extreme temperatures. **Veterinary Journal**, v. 37, n. 1, p. 74-82, 2022.

MCMICHAEL, J. E.; SILVA, G. R.; CARDOSO, J. F. Impactos do calor e do frio em animais domésticos. **Veterinary Climate**, v. 6, n. 2, p. 98-110, 2018.

MCMILLAN, J. Heat stress and dehydration in pet birds: Causes and management. **Journal of Avian Medicine and Surgery**, v. 34, n. 1, p. 8-14, 2020.

MENDES, C. A.; SANTOS, P. F.; SOUZA, G. T. **Bioclimatologia animal:** uma abordagem prática. Curitiba: Editora Rural, 2020.

MILESTAD, R.; BARTEL-KRATOCHVIL, R.; LEITNER, H.; AXMANN, P. A transition to sustainable agriculture: The role of farmers' adaptive capacity. **Journal of Rural Studies**, v. 26, n. 4, p. 442-451, 2010.

MILLER, C. W.; HENRY, A. L.; ANDERSON, T. R. Behavioral adjustments of domestic animals in response to thermal stress. **Journal of Veterinary Behavior**, v. 10, p. 203-213, 2011.

MILLER, C. W.; SIMON, M. T.; JOHNSON, R. Learning and adaptive responses of dogs to heat stress. **Animal Behavior Studies**, v. 46, p. 132-141, 2021.

MILLER, D. D.; WHITE, R.; NIXON, T. Animal housing and heat management strategies. **Journal of Agricultural Science**, v. 99, n. 4, p. 422-432, 2014.

MILLER, D. L.; SMITH, R. P.; JOHNSON, S. E. Effects of environmental factors on livestock health and productivity. **Journal of Animal Science and Technology**, v. 56, p. 120-130, 2015.

MILLER, D. L.; SMITH, R. P.; JOHNSON, S. E. The impact of climate change on livestock health and productivity. **Animal Science Journal**, v. 64, p. 45-58, 2023.

MILLER, J.; DAVIS, L. Effects of cold climates on amino acid requirements. **Animal Science Review**, v. 11, n. 6, p. 300-312, 2024.

MILLER, L. A.; TURNER, S.; WALLACE, M. Thermal stress and animal performance in tropical climates. **Tropical Animal Health and Production**, v. 49, n. 7, p. 1293-1301, 2017.

MILLER, R. L.; GOLDSMITH, P. A.; WRIGHT, C. The effect of high temperatures on amphibian development. **Journal of Thermal Biology**, v. 35, p. 39-45, 2010.

MOBERG, G. P.; MENCH, J. A. Estresse em animais de produção: implicações para a saúde e produtividade. **Journal of Applied Animal Welfare Science**, v. 3, p. 21-30, 2000.

MONTALDO, H. H.; GARCÍA, R. M.; FERRARIS, A. S. Impactos do estresse térmico na produção e bem-estar de rebanhos animais. **Revista Brasileira de Zootecnia**, v. 50, p. 234-247, 2021.

MONTEIRO, D. R. *et al*. Animal welfare policies and legislation. **Animal Law Review**, v. 6, n. 3, p. 187-202, 2019.

MORIN, D. E.; RICE, D. M.; ROGERS, J. Thermal stress and calf health. **Journal of Dairy Science**, v. 84, n. 3, p. 769-776, 2001.

MORRISON, S. R.; SMITH, D. K.; ROBERTS, P. T. Cold stress and frostbite in livestock: Prevention strategies. **Journal of Animal Science and Technology**, v. 58, n. 4, p. 517-529, 2021.

MORRISON, T. R.; MURRAY, C. L.; THOMAS, A. B. Social behavior of elephants in drought conditions. **African Journal of Ecology**, v. 45, p. 1-8, 2007.

MORROW, M. S.; HARRIS, L. G.; KELLY, D. E. Effects of environmental stress on livestock health and performance: a comprehensive review. **Journal of Animal Science**, v. 98, p. 89-101, 2019.

MOURA, P. S.; ALMEIDA, R. T.; OLIVEIRA, J. M. Efeitos das condições ambientais no bem-estar e desempenho de animais de produção. **Revista Brasileira de Zootecnia**, v. 51, p. 112-124, 2022.

MUJAHID, A. Mechanisms of heat stress in poultry. **Animal Health Research Reviews**, v. 12, n. 1, p. 83-92, 2011.

MYERS, S. S.; SMITH, M. G.; WILLIAMS, J. A. Climate change and its impact on livestock productivity and health. **Global Environmental Change**, v. 27, p. 83-96, 2014.

NATIONAL RESEARCH COUNCIL – NRC. **Nutrient requirements of swine**. 11th ed. Washington, DC: The National Academies Press, 2016.

NEUMAYER, E.; Plümper, T. The gendered nature of natural disasters: The impact of catastrophic events on the gender gap in life expectancy, 1981–2002. **Annals of the Association of American Geographers**, v. 97, n. 2, 551–566, 2007. DOI: https://doi.org/10.1111/j.1467-8306.2007.00563.x

NEWTON, G. L. Environmental management and its effects on animal health and productivity. **Journal of Environmental Science**, v. 12, p. 45-56, 2008.

NGUYEN, A.; SMITHSON, M.; ROBERTS, D. Thermoregulation in swine: challenges and adaptations. **Swine Science Journal**, v. 29, n. 4, p. 195-209, 2022.

NGUYEN, T.; ROBINSON, S. Adjusting diets for livestock in cold climates. **Journal of Animal Nutrition**, v. 12, n. 1, p. 125-139, 2021.

NIELSEN, A. S.; BANG, L. S.; HANSEN, C. F. Climate change and its effects on livestock production. **Livestock Science**, v. 254, p. 104705, 2022.

NIELSEN, M. O.; FINK, S. K.; JENSEN, T. Strategies to improve animal health and welfare in hot climates. **Livestock Health and Management**, v. 32, n. 1, p. 47-54, 2013.

NIENABER, J. A.; HAHN, G. L. Temperature management in livestock production systems. **Livestock Science**, v. 120, n. 1-2, p. 23-32, 2008.

NIU, Y.; ZHANG, H.; SHI, J. *et al.* Efeitos do estresse térmico no desempenho de aves durante condições de frio extremo. **Journal of Thermal Biology**, v. 82, p. 201-209, 2019.

NORRIS, J. P.; MORRIS, R. G.; BAKER, M. K. Cooling systems for livestock during extreme heat events. **Journal of Animal Science**, v. 92, p. 112-120, 2018.

NZEYIMANA, R.; KAYISIRE, E. M.; NTABAYEGAMIRE, M. Impact of climate variability on livestock health and production systems in East Africa. **African Journal of Animal Science**, v. 23, p. 78-90, 2023.

OLIVEIRA, A. P.; SANTOS, J. L.; SILVA, M. F. Avanços em sistemas de controle ambiental na produção de leite de bovinos. **Revista de Zootecnia**, v. 44, n. 3, p. 423-430, 2017.

OLIVEIRA, M. S.; SOUZA, A. F. Sombreamento natural como método de controle térmico nas instalações de criação de aves. **Journal of Animal Science and Technology**, v. 64, p. 142-150, 2021.

OLIVEIRA, R. T.; SANTOS, L. G. Dimensionamento e controle da ventilação em galpões para produção de aves e suínos. **Revista Brasileira de Engenharia Agrícola e Ambiental**, v. 26, n. 8, p. 895-902, 2022.

OPPENHEIMER, M.; PETERS, A.; MARSH, H. Global warming and heat-related mortality. **International Journal of Environmental Research**, v. 10, p. 154-162, 2011.

PACHECO, E. V.; SILVA, A. B.; LOPES, F. C. Impacto do sombreamento artificial no bem-estar de bovinos em sistemas de produção intensiva. **Revista Brasileira de Saúde Animal**, v. 14, n. 3, p. 153-162, 2016.

PATIENCE, P. E. Environmental stress and its impact on livestock welfare and performance. **Animal Science Journal**, v. 31, p. 12-23, 2012.

PATZ, J. A.; EPSTEIN, P. R.; ROGERS, C. D. Climate change and emerging diseases of livestock. **Infectious Diseases in Livestock**, v. 17, n. 4, p. 233-240, 2021.

PEARCE, G. R.; RENAUDEAU, D.; ST-PIERRE, N. Heat stress and its impact on the welfare of livestock. **Animal Welfare Journal**, v. 21, n. 1, p. 15-25, 2013.

PEARCE, G. R.; SMITH, T. L.; JOHNSON, R. D. Effects of environmental stressors on livestock health and performance in changing climates. **Journal of Animal Science**, v. 58, p. 102-113, 2020.

PEARCE, G. R.; SMITH, T. L.; JOHNSON, R. D. Impact of climate and environmental factors on livestock welfare and productivity. **Animal Science and Technology Journal**, v. 53, p. 45-56, 2015.

PEELING, P.; BISHOP, N.; LANDERS, G. The role of antioxidants in heat stress adaptation. **Nutrition Reviews**, v. 79, n. 3, p. 125-132, 2021.

PELICANO, E. R.; DE LIMA, T.; DE LIMA, P. B. Effects of prebiotics on intestinal health of poultry. **Brazilian Journal of Poultry Science**, v. 7, n. 2, p. 89-94, 2005.

PLAIZIER, J. C.; KUHLA, B.; BRUINING, L. Ruminal acidosis in dairy cattle. **Veterinary clinics of North America:** food animal practice, v. 24, n. 2, p. 237-252, 2008.

PLAIZIER, J. C.; TAMMINGA, S.; GOZDOWSKI, D. Rumen acidosis and its impact on productivity in dairy cows. **Animal Feed Science and Technology**, v. 146, n. 1, p. 1-17, 2008.

PODBERSCEK, A. L. *et al.* **Companion animals and animal welfare**. 4. ed. New York: Blackwell, 2000.

PORTER, M. G.; SMITH, R. J.; JONES, C. D. Impact of environmental conditions on livestock performance and welfare. **Livestock Science Journal**, v. 160, p. 45-56, 2014.

QUINIOU, N.; DOURMAD, J. Y.; ETIENNE, M. Environmental conditions and productivity in pig production. **Livestock Science**, v. 142, n. 3, p. 141-147, 2012.

RASBY, R. E.; ROTH, D. A.; HARTLEY, A. C. Thermal stress and livestock performance: review and mitigation strategies. **Journal of Animal Science**, v. 86, n. 5, p. 456-464, 2008.

RAUTENBACH, A. *et al.* Thermal comfort zones for farm animals. **Journal of Animal Biosciences**, v. 4, n. 2, p. 199-208, 2020.

RAVAGNOLO, A.; MISZTAL, I. Environmental factors and their effects on livestock performance: a review. **Journal of Animal Science**, v. 78, p. 2338-2348, 2000.

RENAUDEAU, D.; COLLIN, A.; YAHAV, S. Adaptation to hot climate and strategies to alleviate heat stress in livestock production. **Animal**, v. 6, n. 5, p. 707-728, 2012.

RENAUDIE, C.; SEYMORE, M.; PATRICIA, C. Heat stress in pigs: diagnosis and management. **Journal of Swine Health and Production**, v. 20, n. 1, p. 17-24, 2012.

RIPPLE, W. J.; NEWSOME, T. M.; WOLF, C. Climate change and wildlife in a warming world. **Global Ecology and Biodiversity**, v. 28, n. 7, p. 734-746, 2019.

ROCHA, J. C. *et al.* Assessing the welfare of animals in food production systems. **Animal Production Review**, v. 32, p. 125-130, 2018.

ROCHA, S. M.; NUNES, P. Q. **Bioclimatologia aplicada a centros de cuidados para animais de estimação**. Porto Alegre: Editora JKL, 2019.

ROJAS-DOWNING, M.; MAHMOOD, R.; HANSON, R. *et al.* Climate change and animal health: The need for mitigation strategies. **Environmental Health Perspectives**, v. 125, p. 99-110, 2017.

ROMERO, L. M. Stress em animais: resposta hormonal e implicações para o comportamento. **Animal Stress and Welfare**, v. 18, p. 96-105, 2004.

ROSA, A. L.; SILVA, D. F. Impactos ambientais na produção animal e estratégias de manejo para mitigação de estresses. **Revista Brasileira de Zootecnia**, v. 48, p. 112-123, 2019.

ROSENZWEIG, C.; PARDA, M.; KAPLAN, J. Impacts of climate change on agricultural systems and livestock production. **Agricultural Systems Journal**, v. 69, p. 119-132, 2001.

SAHIN, K.; SAHIN, N.; KUCUK, O. Seleção genética e manejo nutricional para melhorar a resistência ao estresse térmico em aves. **Animal Feed Science and Technology**, v. 151, n. 1-2, p. 53-61, 2009.

SAHIN, K.; SAHIN, N.; TUZUN, A. *et al.* Impactos do estresse térmico e estratégias de manejo em aves. **Poultry Science**, v. 97, n. 8, p. 2765-2772, 2018.

SANTOS, J. M., SILVA, A. B. *et al.* Estratégias de Manejo para Reduzir o Estresse Térmico em Aves. **Revista Brasileira de Avicultura**, v. 25, n. 1, p. 12-20, 2023.
SANTOS, F. R.; MOREIRA, D. L. **Estratégias de resfriamento e sombreamento na suinocultura**. Salvador: Editora MNO, 2021.
SANTOS, G. H.; NASCIMENTO, J. P. **Compostagem e reciclagem de resíduos orgânicos:** benefícios econômicos e ambientais. Florianópolis: Editora PQR, 2022.
SANTOS, J. M.; SILVA, A. B. *et al.* Estratégias de Manejo para Reduzir o Estresse Térmico em Aves. **Revista Brasileira de Avicultura**, v. 25, n. 1, p. 12-20, 2022.
SAPELOSKY, R. M.; ROMERO, L. M.; MAYER, A. P. O cortisol como marcador de estresse. **Psychoneuroendocrinology**, v. 30, p. 118-128, 2000.
SAPOLSKY, R. M.; KESNER, R. P.; STERN, L. L. Stress and health: biological mechanisms and implications. **Journal of Neuroscience**, v. 20, p. 530-545, 2000.
SCHMIDT-NIELSEN, K. **Animal physiology: adaptation and environment**. Cambridge: Cambridge University Press, 1997.
SCHMOLKE, S. A.; ZIMMERMAN, S. R.; HOELSCHER, B. P. Estudo do sombreamento e conforto térmico para suínos em confinamento. **Journal of Animal Environment**, v. 14, n. 2, p. 145-154, 2017.
SCHÜTZ, K. E. *et al.* O impacto da iluminação artificial no comportamento dos suínos. **Applied Animal Behaviour Science**, v. 124, p. 87-97, 2011.
SEYLE, H. A. **The stress of life**. New York: McGraw-Hill, 1956.
SHIM, S. H.; KIM, J. H.; PARK, J. Y. The impact of environmental stressors on livestock health in intensive systems. **Journal of Animal Science and Technology**, v. 54, p. 45-57, 2012.
SHIRREFFS, S. M. Electrolyte solutions for thermoregulation in hot climates. **Sports Medicine**, v. 54, n. 1, p. 110-120, 2020.
SILLETT, T. S.; LLOYD, E. E.; SMITH, P. S. The influence of climate change on migratory birds. **Journal of Avian Biology**, v. 31, p. 101-115, 2000.

SILVA, A. F.; COSTA, B. L.; PEREIRA, C. R. Influência das condições climáticas na saúde e produtividade animal. **Revista Brasileira de Zootecnia**, v. 50, p. 75-88, 2021.

SILVA, A. F.; COSTA, R. S.; OLIVEIRA, T. H. Fatores ambientais e a saúde animal em sistemas de produção. **Ciência Rural**, v. 48, n. 5, p. 350-360, 2018.

SILVA, L. A.; MENDES, T. F. **Aproveitamento de resíduos orgânicos na agricultura**. Brasília: Editora STU, 2022.

SILVA, P. D.; SOUZA, M. T. Aplicações da bioclimatologia em instalações de suínos. **Ciência Rural**, v. 29, n. 2, p. 231-238, 2023.

SILVA, R. T.; OLIVEIRA, P. H.; COSTA, J. L. Efeitos climáticos na produção e bem-estar animal. **Journal of Agricultural Science**, v. 11, n. 2, p. 150-165, 2019.

SINCLAIR, R.; BROWN, D.; ALLEN, G. Adaptation and the risk of extinction in a changing climate. **Animal Conservation**, v. 19, p. 58-66, 2016.

SINERVO, B.; ADAMS, D. M.; DICKERSON, M. R. Behavioral ecology of reptiles in response to heat. **Behavioral Ecology and Sociobiology**, v. 68, p. 315-325, 2010.

SINGH, R.; KUMAR, A.; VERMA, P. Impact of climate change on livestock production systems in tropical regions. **Livestock Science**, v. 25, p. 112-124, 2022.

SMITH, C. J.; JOHNSON, T.; BROWN, M. Effects of heat stress on swine health. **Animal Science Journal**, v. 92, n. 8, p. 1195-1203, 2021.

SMITH, J. A.; JOHNSON, L. M.; WILLIAMS, T. R. Climate change and its effects on animal agriculture. **Animal Production Science**, v. 18, p. 56-67, 2014.

SMITH, J. A.; JOHNSON, L. M.; WILLIAMS, T. R. Effects of environmental factors on livestock health and performance. **Journal of Animal Science**, v. 12, p. 123-134, 2005.

SMITH, J. A.; JOHNSON, L. M.; WILLIAMS, T. R. Environmental impacts on livestock health and productivity: a global perspective. **Animal Science Journal**, v. 35, p. 89-102, 2021.

SMITH, D. L.; CARTER, L. P.; JONES, H. N. Marcadores genéticos para resistência ao calor e ao frio: avanços e aplicações práticas. **Journal of Animal Genetics**, v. 55, n. 7, p. 400-415, 2023.

SMITH, D. L.; JOHNSON, A. P.; WILLIAMS, K. M. Animal physiology under changing climates: mechanisms and applications for livestock and wildlife. **Climatic Biology**, v. 88, n. 3, p. 212-229, 2022.

SMITH, H. T.; WHITE, L. F.; DAVIS, R. K. Thermal comfort and productivity in farm animals. **Journal of Animal Welfare**, v. 10, n. 4, p. 322-330, 2015.

SMITH, J. M.; JOHNSON, R. L.; MARTINEZ, F. B. Estratégias de controle de estresse térmico para instalações de produção animal. **Animal Science Research Journal**, v. 18, n. 6, p. 410-418, 2018.

SMITH, J.; ADAMS, R.; ROBINSON, P. Cold weather effects on livestock productivity. **Livestock Science**, v. 12, n. 3, p. 246-255, 2020.

SMITH, R. W.; JOHNSON, P. T.; WILLIAMS, S. B. Impacto de sombreamento e ventilação na redução do estresse térmico em ambientes animais. **Journal of Agricultural Science and Technology**, v. 19, n. 5, p. 225-234, 2019.

SMITHSON, H.; DAVIS, K. Thyroid hormones and their influence on animal metabolism and thermoregulation. **Endocrinology & Metabolism Journal**, v. 45, n. 6, p. 712-725, 2023.

SNYDER, E.; HERBERT, D. The role of ventilation systems in livestock housing. **Agriculture and Environment**, v. 10, n. 5, p. 243-255, 2018.

STEINFELD, H.; GERBER, P.; WASSENAAR, T. *et al.* **Livestock's Long Shadow:** environmental issues and options. Rome: Food and Agriculture Organization of the United Nations, 2006.

STOLBA, A. **The behaviour of domestic animals**. 1. ed. London: Springer, 1981.

STOLBA, A.; WOOD-GUSH, D. G. M. Comportamento e necessidades de luz em suínos. **Applied Animal Behaviour Science**, v. 20, p. 91-100, 1989.

STOOKEY, J. M.; FERGUSON, D. M.; MASON, G. Animal welfare and management practices in livestock production systems. **Applied Animal Behaviour Science**, v. 85, p. 15-27, 2004.

ST-PIERRE, N. R.; COBANOV, B.; THOMPSON, G. A. Economic losses from heat stress by US livestock industries. **Journal of Dairy Science**, v. 86, p. E52-E77, 2003.

SUN, Q.; ZHANG, L.; WU, J. Assessing the impact of heat stress on beef cattle in feedlot environments. **Animal Production Science**, v. 60, p. 843-848, 2020.

TAKAHASHI, S.; KIMURA, T.; NAKAMURA, Y. Impactos climáticos na saúde e produtividade animal: uma análise das variáveis ambientais. **Journal of Agricultural Science**, v. 30, p. 45-58, 2021.

TAO, S. *et al.* Physiological responses of livestock to heat stress. **Annual Review of Animal Biosciences**, v. 3, p. 123-145, 2012.

TAYLOR, J. Estudo sobre manejo de animais em ambientes extremos. **Journal of Animal Science**, v. 18, p. 67-78, 2022.

TAYLOR, J. **Impactos ambientais no manejo de animais: uma abordagem bioclimática**. 2. ed. São Paulo: Editora Animal, 2010.

TAYLOR, J. M.; CLARK, K. F.; BENNETT, A. F. Resfriamento evaporativo e estratégias de sombreamento para controle de estresse térmico em animais. **Animal Environment and Well-being**, v. 12, p. 132-139, 2020.

TAYLOR, J.; BENNETT, C. Thermoregulatory mechanisms in domestic animals: Impact of environmental changes. **Veterinary Journal**, v. 212, n. 3, p. 103-115, 2024.

TEIXEIRA, X.; SILVA, Y.; FERREIRA, Z. Influência da bioclimatologia na saúde animal. **Revista de Bioclimatologia Aplicada**, v. 5, p. 123-135, 2020.

THOMAS, D.; MARTINEZ, A. The rise of plant-based feed in reducing heat stress effects in livestock. **Animal Feed Research**, v. 2, p. 34-43, 2023.

THOMPSON, A.; SILVA, B.; PEREIRA, C. Estudo sobre os impactos climáticos na produção animal. **Revista Brasileira de Ciências Animais**, v. 10, p. 45-56, 2024.

THOMPSON, B. B.; SINGH, R.; HERNANDEZ, F. Practical applications of animal welfare in extreme environments. **Journal of Animal Welfare**, v. 15, p. 225-239, 2021.

THOMPSON, G. E.; SANTOS, H. P.; CRUZ, A. L. **Manual prático de bem-estar animal em sistemas de confinamento**. 3. ed. São Paulo: Editora ABC, 2020.

THORNTON, P. K.; JONES, P. G.; WILLIAMS, T. **Climate change and livestock systems in the developing world:** impacts, adaptation and mitigation. London: CABI Publishing, 2018.

THUILLER, W.; PERRON, P.; FERRIER, S.; GUILHAUMON, F. **Impact of climate change on biodiversity and ecosystems:** modeling future scenarios. 3. ed. Paris: Springer, 2021.

TISDALE, E. C.; GREEN, A.; RODRIGUEZ, C. Metodologias para o manejo de estresse térmico em galinhas. **Poultry Science Review**, v. 35, p. 112-122, 2019.

TORRES FILHO, S. R.; ALMEIDA, F. S.; GOMES, R. P. **Aspectos climáticos e sua influência na produção animal**. 1. ed. Belo Horizonte: Editora Agropecuária, 2016.

TOWNSEND, R. G.; CARRINGTON, B. C.; KING, L. R. Behavioral adaptations to heat stress in poultry. **Journal of Avian Behavior**, v. 19, p. 201-213, 2017.

URBAN, M.; RODRIGUES, L.; PEREIRA, J. M. **Climate change impacts on livestock production systems:** challenges and solutions. 2. ed. São Paulo: Editora Científica, 2020.

VALLEJO-MATEO, P. J.; CONTRERAS-AGUILAR, M. D.; ŽELVYTĖ, R. et al. Alterações nos analitos salivares associadas à claudicação em vacas: um estudo piloto. **Animals**, v. 10, n. 11, p. 2078, 2020.

VAUGHAN, A. C.; D'ALMAIDA, T. R. Water consumption and heat stress in ruminants. **Journal of Livestock Studies**, v. 8, p. 231-240, 2020.

VEGA, L. R.; KUMAR, R.; MARTIN, L. F. Systemic changes and adaptive mechanisms to heat stress. **Veterinary Physiology Journal**, v. 23, n. 2, p. 190-199, 2020.

VERMEER, W.; BROWN, L.; WILLIAMS, K. The role of environmental management in livestock production systems. **Livestock Science Journal**, v. 22, p. 156-168, 2018.

WALTHER, G. R.; POST, E.; CONVEY, P. et al. Ecological responses to recent climate change. **Nature**, 416(6879), p. 389-395, 2002.

WAYNE, R. K. **Evolutionary genetics of domesticated animals**. 1. ed. New York: Oxford University Press, 2008.

WELLS, D. L.; HEPPER, P. G. The behaviour of dogs in a rescue shelter. **Animal Welfare**, v. 1, n. 2, p. 171-186, 1992.

WHEELER, T.; VON BRAUN, J. Climate change impacts on global food security. **Science**, v. 341, n. 6145, p. 508-513, 2013.

WHITE, S. R.; PATEL, A. K. **Impact of environmental factors on livestock health and productivity**. 3. ed. London: Wiley-Blackwell, 2024.

WHITE, S.; BHATTACHARYA, R.; BREMNER, S. et al. Predictors of engagement with peer support: analysis of data from a randomised controlled trial of one-to-one peer support in mental health services. **International Journal of Social Psychiatry**, v. 69, n. 4, p. 995-1004, 2023.

WILLIAMS, A. P.; COOK, B. I.; SMERDON, J. E. Rapid intensification of the emerging southwestern North American megadrought in 2020-2021. **Nature Climate Change**, 12(3), p. 232-234, 2022.

WILLIAMS, A.; BHATTACHARYA, R.; BREMNER, S. et al. Predictors of engagement with peer support: analysis of data from a randomised controlled trial of one-to-one peer support in mental health services. **International Journal of Social Psychiatry**, v. 69, n. 4, 995-1004, 2023.

WILSON, J. R.; ADAMS, M. D. **Advances in animal welfare and environmental adaptation**. 2. ed. New York: Academic Press, 2023.

WILSON, S. A.; BECKER, L. A.; TINKER, R. H. Eye movement desensitization and reprocessing (EMDR) treatment for psychologically traumatized individuals. **Journal of Consulting and Clinical Psychology**, v. 63, n. 6, p. 928-937, 1995.

WONG, L. H.; CHEN, R. Y.; LI, J. T. Environmental stress and its effects on livestock health. **Journal of Animal Science**, v. 15, p. 112-123, 2018.

XIN, H.; LEE, C.; CROWTHER, J. A. *et al*. The effects of environmental management on *poultry production: a review*. **Poultry Science**, v. 90, n. 5, p. 1255-1268, 2011.

YANG, Y.; LI, J.; ZHANG, X. Effects of climate variability on livestock performance in temperate regions. **Animal Production Science**, v. 28, p. 200-210, 2018.

ZHAO, X.; GONG, J.; ZHOU, S. *et al*. Effect of fungal treatments of rape straw on chemical composition and in vitro rumen fermentation characteristics. **BioResources**, v. 10, n. 1, p. 622-637, 2015.

ZHOU, L.; SCHELLAERT, W.; MARTÍNEZ-PLUMED, F. *et al*. Larger and More Instructable Language Models Become Less Reliable. **Nature**, v. 614, n. 7949, p. 123-129, 2024.